曹仁宇 ——

著

U0178767

景观装置设计

——多途径的综合与演进

JINGGUAN ZHUANGZHI SHEJI

DUOTUJING DE ZONGHE YU YANJIN

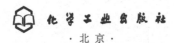

化学工业出版社

·北京·

内容简介

本书首先陈述了装置艺术的由来、发展和其介入户外公共空间影响城市景观的过程；而后提出了得到艺术化加持的景观也尝试引进装置化手法来进行景观构筑及景观设施等的设计，并就完成的优秀案例展开图文并茂的论述；同时，提及了新的装配式技术和新媒体技术对景观装置设计手段的增益，从而通过多条路径并进，阐释了景观装置这一具有开放性并随着时代发展不断扩容的概念；最后提出文化、艺术与科技相融合的探索理念，并进行了引入传统文化的智慧型交互式景观装置的设计初探。

本书适合从事公共艺术创作、景观设计、建筑设计、工业设计、新媒体设计等行业的从业人员阅读学习，也可以作为环境设计、公共艺术、风景园林、建筑学、数字媒体等专业学生的学习参考书，还可以为城市建设管理者和市政建设工作人员提供一定的艺术化建设思路。

图书在版编目（CIP）数据

景观装置设计：多途径的综合与演进/曹仁宇著. —北京：化学工业出版社，2023.10（2024.11重印）

ISBN 978-7-122-43805-8

Ⅰ.①景…　Ⅱ.①曹…　Ⅲ.①城市公用设施-景观设计　Ⅳ.①TU986.2②TU984.14

中国国家版本馆CIP数据核字（2023）第129719号

责任编辑：李彦玲　　　　　　　文字编辑：谢晓馨　刘　璐
责任校对：李露洁　　　　　　　封面设计：韩君甜

出版发行　化学工业出版社
　　　　　（北京市东城区青年湖南街13号　邮政编码100011）
印　　装　北京天宇星印刷厂
710mm×1000mm　1/16　印张10¼　字数150千字
2024年11月北京第1版第2次印刷

购书咨询：010-64518888　　　　售后服务：010-64518899
网　　址：http://www.cip.com.cn
凡购买本书，如有缺损质量问题，本社销售中心负责调换。

定　　价：58.00元　　　　　　　　　　　版权所有　违者必究

　　景观装置是近些年以来在景观设计领域内出现案例较多、对景观设计影响较大的一个创作类别。虽然热度较高，作品层出不穷，但关于景观装置的论述相对较少，大部分论文和著作主要研究的是装置艺术。也有学者提出过"景观装置艺术"这个说法，但对创作作品呈现的多样性和多途径的特点无法一一涵盖。与此同时，新技术和新工艺的发展也为艺术创作与设计提供了新的手段与方法，城市的智慧化建设也推动着景观设计的智能化进一步提高，催生了许多新的景观装置与设施。经过不断的积累和思考，笔者决定完成一部阶段性的文字著述，就景观装置的由来、发展和多途径演进下的内容拓展进行分析与阐释。

　　本书的写作旨在探讨一个范围更为宽泛的景观装置概念，同时指出其是一个具有开放性并随着时代发展不断扩容的概念，需要用发展的眼光去理解和对待这样一个新兴的概念，也需要使用包括新科技手段在内的综合方法进行设计实践。鼓励跨领域、跨专业的团队合作去探索创新性的创作和研发，进一步拓展和丰富景观装置的作品类型与设计内容，为城市的智慧化建设提供新的思路和参考。

书中既有理论部分的发展脉络梳理，也有与实践相关的实物作品分析。本书的第一章主要对装置艺术的由来及发展进行简单的论述，提出了景观装置这一概念，同时着重谈及装置艺术经过不断发展逐渐介入城市公共空间中，与景观环境有了更高的融合度。第二章到第六章论述了组构景观装置内容涵盖的五个大的方面，分别是介入公共空间中的装置艺术作品、装置化的景观构筑物、装置化的装配式景观建筑、装置化的景观基础设施和能塑造虚拟现实景观场景的新媒体装置。介入公共空间的艺术创作由于与环境关联度较高，使得装置艺术具有更好的契合度，因而更多地采用了景观性良好的装置艺术作品；而装置艺术作品在公共空间中呈现的多样、灵活以及独特的艺术性，为景观构筑物、景观建筑和景观基础设施的设计提供了新的灵感和思路。同时，装置艺术作品的临时性、可变性以及互动性也能为公共空间带来更多的活力，呈现出更为丰富和综合的城市景观内容。装配式技术的发展为景观装置领域的拓展带来了技术支持，而新媒体技术的运用则通过数字影像的手段进一步为景观装置注入了新的内容。以上五条路径下的景观装置作品虽然也有着诸多的重叠之处，但也从不同的出发点综合构成了景观装置的总体内涵。第六章技艺融合部分，首次将基于新媒体技术打造的能展现虚拟现实景观的智能交互装置纳入景观装置的范畴进行讨论，可谓是一种创新性的尝试。第七章对引入传统文化的智慧型交互式景观装置进行了调查分析，这是一个值得深入研究的课题，并就个人和团队所做的探索性设计进行了简要的介绍。

关于景观装置的研究至今已有十余载，最开始思考景观装置对公共空间活力提升的意义，并尝试景观装置与场地的整合化设计实践，而后对新技术条件下景观装置的发展趋势进行研究。在此基础上，逐渐尝试对景观装置概念涵盖的内容进行综合的考量，并在产生初步想法之后进行了理论著作的写作尝试，于是便有了这本耗时五年左右完成的拙作。在此呈献给关心艺术、关心设计、关心城市建设与发展的广大读者，不足之处还望各位专家、同行批评指正。希望笔者的一家之言能为景观装置的理论研究和设计实践提供一定的参考，以起到抛砖引玉之功效。

本书得到了辽宁省教育厅人文社科类青年项目的资金资助，在写作的过程中得到了学校科研部门的帮助和指导，学院老师和业内同行也提出了宝贵的意见和建议，笔者指导的学生也完成了部分的研究成果和概念设计方案，在此一并表示感谢。也感谢家人对我写作工作的支持，感谢所有为此书提供过帮助的人。

曹仁宇

2023 年 2 月

目录
CONTENTS

1

缘起：景观装置的由来

　　虽然景观装置与装置艺术在具体指涉上有一定的差别，但不可否认的是装置艺术的出现为艺术和设计的发展提供了新的方法和途径。首先是使用成品进行创作的观念，这与建筑工业化上的预制成品虽然在观念上差别很大，但在方法上有一定的相似性；其次是多种材料的综合运用，这为后面丰富多样的创作提供了一些最初的范本；最后就是其与生俱来的互动参与性，虽然当代景观装置已经从最初的观念参与和解读参与发展到当代的行为及五感乃至时空的全方位参与，但最初装置艺术的激进者们提出的"作者的死亡和读者的诞生"却是一个起点。因此，在这里我们依然要从装置艺术说起。

图片素材

1.1 相关概念解析

首先从词语本源的角度进行分析和理解，下面分别对装置、装置艺术以及景观装置三个词语进行释义解读。

1.1.1 装置

首先从词语的客观释义角度去查阅词语释义的工具书，在《现代汉语词典》中对"装置"的解释分为两个层面：其一为动词，即"安装"和"配置"之意；其二为名词，指机器、仪器或其他设备中构造较复杂并具有某种独立功用的部件。进一步进行扩展式查阅，发现"装置"一词作为动词所指相对稳定，而作为名词，除了本身的含义以外，在近现代被艺术领域引用，于是出现了一些专用的艺术名词或词组。例如"a video installation"，一般译为影像艺术装置或者是影像艺术展。

艺术领域引入"装置"一词的初始阶段，作品大部分指向"装置"一词的名词层面的含义，即设备中构造较复杂并具有某种独立功用的部件，也被作为整体中具有一定独立性的个体，虽有独立性，但离开整体其作用将会受限。因而装置艺术在初始阶段就和其所在的空间环境有着密不可分的关联，又被称为"环境艺术"。另外，"装置"一词也是工业化时代产生的一个术语，装置艺术早期使用的"现成品"有很大一部分也是现成的工业产品，因而装置艺术也是工业化社会的产物。随着时代的发展，工业化的程度进一步加深，工业化的装配手段也渗透到社会的各个领域之中，艺术领域自然也不例外。装置艺术也从早期的简单并置逐渐走向复杂的装配组合，于是"装置"一词动词层面的含义成为装置艺术的一种主要手段。

1.1.2 装置艺术

关于"装置艺术"的概念解释，在艺术专业内部的说法比较多，且陈述起来往往偏于复杂，我们依然从通识层面开始进行认知陈述。字词释义工具书中如是陈述：装置艺术，现代艺术形式之一，利用现成品组合成某种装置，表达一定的观念。这里面有三个关键词：现代艺术、现成品、观念，分别从艺术的时代归属、主要的使用材料以及特色的艺术表达三个层面对装置艺术进行了简明的释义。在装置艺术出现的早期，英文表述曾用过"the art of assemblage"，"assemblage"的中文译为"装配"或"集合"，更多地指向物与物的叠加和集合，早期的装置艺术创作呈现出一种集合并置的展示状态。而到了20世纪90年代，装置艺术的英文表述更多地使用"installation"一词，这个词语不仅有装配、集合的意思，也表现出装置艺术发展上的一些新趋势。首先是构成上的新认知，进一步强化装置艺术作品作为整体而存在的观念意识，艺术作品与场所环境的结合度更加紧密；其次是工业装配及构筑技术在装置艺术作品中的广泛运用，进一步拓展了装置艺术作品的创作手段与方法。

关于装置艺术，国内有两部著作具有一定的学术代表性，分别是徐淦先生的《装置艺术》和贺万里先生的《中国当代装置艺术史》。贺万里先生在《中国当代装置艺术史》一书中对"装置艺术"给出了一个相对明确的定义，具有很高的概括性，同时也指出，相对于认为装置是一种艺术品类而言，作者更认为其是一种艺术创造和展示方式。徐淦先生在著作《装置艺术》中第一部分"什么是装置艺术"中，对装置艺术并没有进行严格的概念解释，只是简要地陈述：装置艺术始于20世纪60年代，也称"环境艺术"。作为一种艺术，它与六七十年代的"波普艺术""极少主义""观念艺术"等有联系。而通过该书第一部分的整体陈述，尤其是装置艺术特征的描述，读者会逐渐明晰装置艺术的具体内容与指涉。装置艺术产生之初是叛逆的，对传统艺术分类进行了挑战，其综合使用各门类艺术手段进行创作，具有较大的自由度和开放性，较难进行概括性的定义。因而无论是理论研究者还是艺术实践者，都倾向于通过整体关联性认知手段去理解装置艺术这一概念。现成品、特定地点、关系美学、环境艺术、交互体验……在一长串名词的堆叠中，装置艺术的轮廓虽然仍不确定，但也多少明朗起来。因为装置艺术本身的开放性和自由度，随着时代的发展，其会不断地引入更多的材料、手段及创作手法。

1.1.3 景观装置

在对装置和装置艺术有一定的理解后，提出"景观装置"这一术语，从关联的角度进行理解和认知。"景观装置"在工具书中暂时还没有统一且权威性的词条解释，暂且可以认为是词组或短语。但是在艺术及设计领域，"景观装置"一词出现频率较高，其指涉具有一定的宽泛性，也有部分学者使用"景观装置艺术"这一称谓，指向的内容更为狭义且具体。景观装置可以简单地理解为出现在景观空间中的装置艺术作品和具有景观效应的构筑物和公共装置（或装置化公共设施）的总称，其出现和景观设计学的发展密不可分。

装置艺术自始便关联着空间与环境，装置艺术最早地吸收了景观文化和广告意象作为其创作手段，而装置艺术产生之时，恰逢占有激进主体性文化所生成的高雅文化产品已成为景观大获全胜的标志，因而其与景观便有着密不可分的关系。随着装配式技术的发展以及公共空间艺术创作的兴盛，装置艺术作品频繁地出现在城市公共景观空间之中，成为景观整体的重要组成部分，也被称为"景观中的装置"。与此同时，装置作品的创造手法和形式美感也逐渐被景观领域的其他元素设计借鉴和学习，又产生了诸如景观设施、景观构筑物等的景观元素装置化倾向。

随着社会发展，景观设计学所包含的内容越来越宽泛，景观整体规划也逐渐上升到整体决策层面。从景观设计学的角度去理解景观构成中的个体性元素，就产生了一些新的名词或短语，例如景观雕塑、景观构筑物、景观建筑等。景观装置也是在此前提下产生的，从景观的视角去理解装置。但这里的装置指涉也可以更加宽泛，不仅包含装置艺术作品，还包含装置化的公共基础设施，使用现代材料装配的景观构筑物和景观雕塑，甚至还包括装置化的场地景观和景观建筑等。所以，景观装置作为景观中的一个组成部分，其指涉相对宽泛，旨在关联景观的需求和装置艺术的创作观念与手法，通过二者的有机结合进一步增强景观整体的视觉品质和参与活力。

1.2 装置艺术的诞生与拓展

1.2.1 诞生

任何艺术形式以及艺术创作手法从影射和模糊相似性的角度，都会从久远的历史中找到初始模型与历史案例，装置艺术也不例外。有人提出，装置艺术是古老的洞窟壁画在当代艺术中的遥远回声，也有人将19世纪末的法国邮差的"理想宫殿"作为第一个装置艺术作品，还有人认为20世纪40年代的一系列综合使用各种材料和手段的展览是装置艺术在历史舞台上的初演。现今在艺术史的总结中，这些早期的案例和事件被认为是装置艺术产生之前的参照和预演，对装置艺术的诞生有着多方面的影响。艺术界较为权威的认识是装置艺术始于20世纪60年代。

虽然大部分学者认为装置艺术始于20世纪60年代，但又都不否认其与20世纪初杜尚主导的小便池变艺术品等一系列事件息息相关，因为这一系列事件中包含了"现代艺术、现成品、观念"这三个构成装置艺术的主要内容的关键词。杜尚难题引发的艺术思考在艺术史上有着重要的意义，常常引发艺术家们于"艺术"与"非艺术"的接缝处逡巡思考、争论不休。正是由于杜尚难题引发了艺术家对传统艺术的反叛以及对现代艺术的思考，才推动产生了一系列的现代艺术流派和团体，而装置艺术也是在这一时期应运而生的。因此，装置艺术又与同一时期先后产生的观念艺术、极少主义、波普艺术等艺术运动息息相关。杜尚的许多作品都与装置艺术关联紧密，甚至可以认为是装置艺术的"前身"。他使用现成品，关注作品的周边环境，还有个别作品赋予参观者以互动式的体验。

在杜尚的一系列事件与作品的影响下，时至20世纪60年代初，青年艺术家们开始反叛传统艺术的门类，综合使用一切他们所需要的任意手段与材料来进行创作，因而促成了装置作为一种艺术门类的形成。

1.2.2 初始观念

促使装置艺术产生的、极具争议的杜尚难题引发了有关艺术的观念之争，也向传统艺术发起了挑战，引发学者们关于艺术边界的思考。而装置艺术自诞生起就充当着打破传统艺术界限的排头兵，所以在其产生的初始阶段往往观念为先，综合使用各种材料和手段，也较多地使用到了现成品。装置艺术产生之初便有一定的综合性，既有明确的创作观念，也用到了现成品，同时还关联空间甚至外环境。这使得它与同一时期的其他艺术类型相比，缺少一种纯粹性，却又有其自身的丰富性。

早期的装置艺术作品中，创作观念极为重要，甚至可以认为是创作的主要目的和主体内容。这在被认为是早期装置艺术作品的《虚空》和《充实》中体现得尤为明显。克莱因1958年的作品《虚空》，即在展馆空间中直接展示空空的纯白色的空间，空间中未留一物，让参观者置身一片虚无的空间中。一年后，在同一间展厅，阿尔曼创作了作品《充实》，用垃圾填满空间，观众只能通过窗户看到被垃圾填满的房间。通过这两个作品映射出创作观念在早期装置艺术作品创作中的重要性，相反，对于创作材料及物品的选用却相对随意。在装置艺术诞生之初的20世纪60、70年代，因其强烈的反叛精神，常常使得其与观念艺术走得很近，对观念的重视程度较高，艺术家喜欢用实物形象表现他们的抽象思维。其后，随着时代的发展，装置艺术先后关注了政治、女权、环保等时代热点。在强调观念性的同时，材料和手段的使用的综合性依然随着时代的进步而不断拓展。

1.2.3 拓展延伸

装置艺术特征的开放性、游离性、模糊性，决定了我们只能在它的运动、发展和变化中认识它、研究它。随着时代的发展，装置艺术的开放性、模糊性和互动性对艺术创作和设计领域产生了很大的影响，相比之下，观念的影响力反而扩散的范围较小。随着影像、文化乃至高科技媒体技术的介入，装置艺术的发展越来越丰富多样，在艺术领域也具有举足轻重的地位。装置艺术对新材料及新技术的使用一直持开放态度，不拒绝任何可以使用的物品及手段。这也使得后来各个设计领域都借鉴了装置艺术的创作方法，于是出现了雕塑装置、景观装置、建筑装置等词语。从创作过程来看，装置艺术基于一定的观念，使用现成品在一定的空间环境中进行艺术创作，这与当代的景观雕塑、景观构筑物及景观建筑的设计及完成过程较为接近，后者也是在创作理念的引导下使用现成的材料（且大部分为工业加工材料）来进行设计和施工，于是设计师们也乐于使用雕塑装置、景观装置、建筑装置这样的词语。工业现代化的进一步发展为成品加工和现场装配提供了有力的技术支持，也使得各种装置得以普及并遍地开花。

装置艺术注重创作方式而不关心其样式的发展趋势，为其他艺术门类的创作与设计提供了有力的参考。随着装置的泛化与发展，艺术性不再是关注的重点，而开放性和互动性被越来越重视起来，更多地参与互动反而成为各种装置创作和设计的首要追求。另外，多媒体技术和人工智能的进一步发展，出现了越来越多的智慧型媒体终端，其呈现出装置的特性，也引来技术与艺术的主客之争。这正如装置艺术诞生之初的争论一样，"现成品"被拿来使用也不失为一种创作手段。

1.3　装置艺术的探索与发展

1.3.1　国外发展——走向公众，进入公共空间

在国外，装置艺术经过前期的酝酿，于20世纪60年代初诞生，整个60年代是其成长期。在这一时期，它与一同涌现的观念艺术、波普艺术、装配艺术等有着一定的交集，它们都试图挑战权威，并致力于消除艺术和生活的界限。之后的70年代是装置艺术的兴盛期，各种作品层出不穷，关注和涉猎的层面也极为丰富。首先更加强调观念的重要性，通过创作作品影响观众的心理和感知；同时也出现了具有社会意识和政治倾向的作品，如声讨血腥暴力、关注老龄化及女权运动等。这一时期艺术家们还开始尝试在作品中使用影像作为作品的组成部分，试图将前沿科技作为创作的手段之一。到了80年代，装置艺术的创作热情有所回落，但其外延却在不断拓展。涉及的题材更加广泛，现代影像技术的使用频率也越来越高，另外，80年代强烈的环保意识也在装置艺术作品中有较多的体现。90年代，装置艺术题材更为宽泛的同时，作品规模也越来越大，甚至和建筑、街道、大地景观都产生过交集；而越来越多的不同国家和不同文化背景的艺术家先后登上装置艺术创作的历史舞台，也使得装置艺术在文化融合性上达到前所未有的高度。

时至21世纪，装置艺术的发展仍方兴未艾，其创作边界仍在不断地扩充和延伸，其手段也在不断地被挪用。在国外，随着公共资助的投入增多，出现了越来越多的为公众服务的装置艺术，同时也有教育机构尝试将装置艺术作为新的艺术教育手段，培养学生的思维表达能力。装置艺术的开放性、机动性、临时性和前沿性也引起了商业集团的关注，并开始为商业行为服务。装置艺术不断地引入互联网和新媒体技术的同时，也被网络和媒体技术行业关注。其媒体终端借鉴了装置艺术的一些创作手法和表达方式，又因装置艺术作品和媒体终端都有一定的互动性需求，于是又出现了媒体装置等新兴词语，也可以认为其是装置艺术外延的进一步拓展。随着时代的发展，装置艺术的创作越来越呈现出样式的千变万化和方式的层出不穷，也在技术与艺术结合方面呈现出巨大的潜力。公共性的增强和技术性的复合，使得装置在城市景观建设方面的功效日益显现，于是景观性的装置作品也日渐兴盛。

1.3.2 国内发展——注重审美，走进城市景观

在国内，20世纪70年代末至80年代初，装置艺术才被认识并逐渐兴起。在"八五新潮"之前，随着改革开放的步伐加快，艺术家们更多地接触到外来的艺术理念和创作作品的碎片，并不系统和具体，部分艺术家借用了装置艺术的创作手段，但对装置艺术的认识尚不清晰。1983年的"厦门达达展"，是国内第一次以较多的作品呈现多材料实物拼贴的艺术展览，许多作品具有装置艺术作品的特征，但创作者仍不十分清晰装置艺术作品的价值与意义，也有人认为这些作品更像是使用了新材料的当代雕塑作品。自"八五新潮"开始的群体性艺术运动中，装置艺术开始作为一种并非主流的方式呈现在运动期间的各个展览中。这一时期的装置艺术作品创作大多出现在群体一起创作的作品中，也作为许多艺术家在创作架上艺术的同时，进行的一些对新材料和新手段的尝试。这也使得在20世纪90年代之前，很少出现专门或主要以

装置艺术创作为主的艺术家。对许多艺术家而言，装置艺术创作是偶然为之，仅作为表达自己的艺术观念或表达自己反传统的"破坏"欲望的一种补充手段。

20世纪80年代末至90年代初，随着国内艺术领域从狂热的批判和非理性的宣泄开始转向关心艺术语言的个体风格化创作，在装置艺术领域也渐渐地出现了具有代表性的个体艺术家。首先是谷文达、吴山等人逐渐走出群体，他们的文字装置系列渐渐地表现出个体化的特色，随后徐冰、吕胜中等人的装置作品获得了令人瞩目的成功。其中徐冰的作品《析世鉴——天书》（图1-1）引起了艺术界不小的轰动，作品的艺术语言纯度和震撼的展示方式，获得了艺术界前所未有的肯定。而徐冰的成功似乎也隐约地说明了在国内接受度较高的艺术，其艺术语言纯度和审美性的存在是较为重要的因素，这也为后来装置外延的拓展提供了一定的启示。1989年的"中国现代艺术大展"是中国装置艺术发展的一个重要转折点，使得装置艺术受到了前所未有的关注。自此次事件后，越来越多原来从事架上绘画的艺术家转而选择进行装置艺术的创作。"中国现代艺术大展"在展现装置艺术潜力的同时，也呈现出一些不安定的因素，再加上20世纪90年代初市场经济放开发展带来的艺术品商业化倾向，使得不能带来较好经济效益的装置艺术逐渐走向了低谷期，直至90年代中期装置艺术在国内才开始回温。然而，在这短短不到十年的时间内，装置艺术经历了纷繁复杂

图1-1 《析世鉴——天书》

的曲折发展历程。既有转入"地下"的非公开状态，也经历了文献化的纸质媒体宣传时期，后来在留学海外的艺术家团体和外展艺术的推动下逐渐回温，随后装置艺术逐渐走向多元化和成熟。

到了21世纪初期，2000年上海双年展是中国实验艺术在中国"合法化"的一个标志性事件，此后装置艺术在成规模的各个大展中基本上都不缺席，都会或多或少地展现其独有的艺术特色。与此同时，中国艺术家开始以国家身份在国际重大展事中出场发声，在一些重大艺术展中，中国艺术家频频有装置艺术作品参展。参展的作品中也有建筑师的作品，这也为后来装置的创作手法在建筑和景观领域中的广泛使用埋下了种子。有了合法的身份之后，随着更多领域的艺术家和设计师参与其中，装置艺术开始走向多元化发展趋势，并不断泛化。

近十几年来，注重审美、融入传统文化、走进民众、引入新的影像媒体、更多地与环境融合都是新时期装置艺术涉及的方向，而装置作品美化环境和普及艺术教育的作用也被逐渐挖掘出来。而走进民众、美化环境以及频繁出现在城市中的装置化智慧终端，都宣示着泛化了的装置艺术已经成为城市空间景观中一个不可忽视的组成部分，极大地丰富了城市公共空间景观的内容。于是景观装置这一称谓被越来越多地提及。而近年来景观装置的作品也层出不穷，其对景观整体的增益颇多，主要体现在样式新颖带来的审美愉悦和引发互动带来的空间行为活力。

1.3.3 与环境融合案例的启示

装置艺术诞生之初便依赖环境去表达一个整体性的内容，因而最初也被称为环境艺术。其创作发展从最初的空间语境借用，到作品与室内空间融合，再到与外部环境融合的尝试，其对空间与环境的关注度越来越高。在装置艺术发展史上出现了几个与景观环境关联紧密的经典案例，体现了装置艺术与自然环境及人文景观的密切关系。

在20世纪80年代，景观设计师玛莎·施瓦茨设计了作品《甜甜圈花园》（图1-2），以装置的创作手段来呈现景观，颠覆以往的景观设计范式，成为以装置手法来进行景观设计的一次大胆尝试和创新。在作品中，施瓦茨选用生活中最常见且廉价的现成品材料——甜甜圈，作为花园景观设计的重要组成元素。花园整体上为方形地块，场地中央用树篱围成一个小的方形，与外围方形相呼应。树篱环绕成了一个"回"字形，树篱中间的路径均匀地放置甜甜圈作为点缀，并在道路上铺设鲜艳的紫色砂石。场地设计有着极简主义的风格特点，同时设计师将平常生活中的现成品作为设计材料运用到花园景观设计中。这个案例体现了设计师试图将装置艺术的创作手段应用到实际的景观设计中的探索。设计师大胆的尝试与突破，为其他景观设计师提供了全新的设计思路和设计灵感，这也是景观设计引入装置艺术创作手段的一个起点，为"景观装置"的出现埋下了伏笔。这个作品也奠定了景观设计师玛莎·施瓦茨对景观艺术性的追求，在她之后的一些作品中也屡屡使用装置艺术的创作手段，也不排斥现成人工合成材料的使用，例如使用塑料设计"垂柳花园"，用树脂玻璃塑造"四季庭院"等。

图1-2 《甜甜圈花园》

2005年，法国艺术家克里斯托夫妇的大型装置艺术作品《门》（图1-3）正式在纽约中央公园亮相，这个作品从1979年便开始谋划了，从谋划到建成历经了20多年的时间。《门》是纽约历史上规模最大的艺术作品，7500道由聚乙烯制成的门以每隔12英尺（1英尺＝30.48厘米）的距离排列，蜿蜒伸展于中央公园的走道上。每道门都悬挂着一块橘红色织布作为门帘，每道门高16英尺，宽度为6～18英尺不等，一直绵延37公里，并穿越整个中央公园，从纽约第59街一直到第110街。在中央公园附近的高处俯瞰这件作品，它就像一条"金色的河流"，在公园树丛中若隐若现。从艺术的角度来看，艺术家改变了人们习惯上体验艺术的方式，也更新了人与环境的关系，让艺术走进公共空间，更加贴近民众。从景观的角度来看，这件大型装置艺术作品几乎已经成为公园景观中最为重要的组成部分，改变了原有景观的整体印象，甚至可以被看作是塑造了"成为景观内容的装置"。

图1-3 《门》

2002年，装置艺术家梁绍基展出了作品《六合》（图1-4），这个作品将建筑、景观和装置紧密关联在一起。这个作品是在室内空间中完成的，呈现的却是园林景观的场景。艺术家将混凝土、金属和柱子组成的构架与一片竹林结合在一起，营造了一处富有田园意境的景观。兼具自然野趣和传统文化

图1-4 《六合》

意象的山野竹林与极具现代极简主义特色的几何回形构架放置在一起，打造出具有田园色彩的现代都市景观环境。在这个作品中，自然环境成为作品的组成元素，人工构筑物使用了现代的材料制作，并呈现出当代极简风格的趋势，体现出艺术家对未来田园城市建设的一种设想。因此，这个作品体现出三个层面的含义：其一是将装置艺术作品与自然环境完全融为一体，让自然环境成为装置艺术作品的组成部分，体现了装置与环境的融合；其二是作者想要在装置中引入传统文化意象的内容，并使之与现代的材料和形式很好地融合在一起，这为后来的新中式景观设计风格提供了一条可循的路径；其三是将乡野意趣引入以现代的材料和形式设计的城市环境中来，提出了对未来田园城市建设发展的一种设想。

装置艺术介入空间环境的频率越来越高，对空间环境以及城市景观有着越来越重要的意义，装置艺术作品呈现出的景观效应也越来越强。景观设计师也时常借用装置艺术的创作手段来设计景观中的一些构筑物，渐渐地就有了"景观装置"这一称谓。景观装置注重审美，强调在公共空间中引发行为互动，但创作的观念性逐渐减弱。景观装置的出现，对现代景观设计有着重要的意义，极大地丰富了景观设计的内容和特色，也成为景观中的一个重要的信息载体，使得景观总体上能容纳更多的信息和内容。

1.4 装置艺术的空间语境日趋强化

1.4.1 对空间语境的依赖

　　装置艺术诞生之初的关键词中并没有空间和环境这样的词语，但随着时间的推移，装置艺术越来越多地介入各种类型的空间中，并与空间进一步融合。不仅仅是装置作品成为空间的内容之一，有时装置艺术作品也纳入部分空间作为组成部分。装置艺术作品产生之初就希望观众能置身于其所创造的三维空间的"环境"中来体验作品，以带来更直接的艺术感受与思考，同时，装置艺术家也认为自己的作品应该是根据展览的地点和空间进行设计的艺术整体。所以，装置艺术产生之初与空间语境的关联就不同于架上艺术，不是仅仅需要一个展示作品的公用展示空间即可，而是需要一个独立的展示空间进行创作和展示。还有部分装置艺术作品只能在特定的空间环境中创作，离开特定的环境，作品的意义就消失了。因此，可以说装置艺术对空间语境有较强的依赖性，通常视空间环境为创作需要考虑的一个重要部分。

　　早期的装置艺术作品往往借助空间语境表达一种创作的观念，如前面提到的作品《虚空》和《充实》，通过清空和填满室内展览空间来表达创作观念，从而让观众在空间中体验场景且引发艺术思考。徐冰的作品《析世鉴——天书》，采用悬挂卷轴的方式让作品在观众的头顶呈现出波浪起伏的状态，甚至可以理解为空间中艺术性的吊顶，成为空间围护物的一个部分。作品与空间交融的状态似乎是装置艺术本来就必须要思考的创作内容之一，《析世鉴——天书》这种装置性的布展方式，已经成为其作品整体的内在构成的重要部分。克里斯托夫妇的装置作品《门》则将装置直接置于公园的外部环境中，沿着公园的路径布置了7500道"门"，形成了虚空的景观廊道，塑造

图1-5 《五个旧址》

了廊道空间，其在融入景观环境的同时也塑造了景观空间。1995年由卡塔里娜·维斯琳创作的作品《五个旧址》（图1-5），在自然环境中塑造了五个带来不同感受的旧址，分别呈现出不同的空间场景，并尝试调动参观者的全面参与。在这个作品中，艺术家借用了时间和空间的因素来表达创作的观念，时间带来植物的生长状态和光影的变化，空间则加深了参观者的参与度。五个旧址场景从开放到半开放再到较为封闭的状态，使得装置作品充分地把空间变化作为体验的一部分，并尝试着去塑造不同的空间，以带来参观者的深度参与和深刻体验。《五个旧址》使用了自然景观的内容来塑造人文景观的场景，也与景观设计有较多的关联，充分考虑了作品与空间环境的关系的丰富性。

至此，装置艺术作品从依赖环境空间语境开始向融合空间乃至与空间一体化的方向发展。

1.4.2 与空间融合的倾向

装置艺术发展至今，与空间融合的倾向越来越明显。与空间融合首先是装置艺术发展的一个趋势，装置艺术作品需要占有独立的空间，就得充分考虑空间与作品的关系。而装置艺术作品希望观众参与并产生互动也需要有一定的空间，以便让观众走入作品中产生更有深度的体验。其次是在公共空间里创作的公共艺术作品中，装置艺术作品的数量占有较高的比例，这些在公共空间中创作的装置艺术作品在当代环境建设整体性的要求下，会充分地考虑其和空间之间的关系，更多地尝试与空间的深度融合。最后是公共空间内的装置作品已经成为公共空间内容的一个部分，在展示艺术性的同时，还要满足公共性需求和产生良好的景观视觉效应。其作为公共空间中景观整体的组成元素，还需要考虑与整体的协调与融合。

随着时代的发展和科技水平的提高，装置艺术的创作途径增多，创作规模的上限也在不断提高。大型装置艺术作品需要使用相对较大的场地和空间来进行创作，并鼓励更多的人参与进来，因而场地和空间都成为作品创作的组成部分，甚至空间中的活动都是作品的内容之一。大型智能交互式装置作品《参与者》（图1-6），将公共空间中的广场地面和建筑立面都纳入作品的内容中来，给参与者更深入的参与度和视觉刺激。装置安装在洛杉矶市区一栋公寓的立面及地面上，巨大的LED"交互式地毯"铺装在主入口的地面上，采集访客动态，并反馈交互的照明图案。同时，建筑立面上大面积的LED灯组也会通过关联，展示访客活动对建筑立面灯光照明的影响。随着媒体技术的进一步发展和广泛运用，影像和灯光照明在装置艺术作品中呈现得越来越多，

图1-6 《参与者》景观装置

部分装置艺术作品还会塑造沉浸式的场景。影像和照明装置一般需要一定的载体和距离来完成作品呈现，而沉浸式场景也需要相对较大的空间来塑造，所以新技术条件下完成的装置艺术作品对空间的需求越来越高，与空间的融合度也越来越高。

1.4.3　空间中艺术化的景观

当装置艺术与空间进一步融合，装置艺术作品在公共空间中频繁出现时，便成为公共空间景观中的一部分，其艺术性强的特点往往能使得景观的呈现更加具有艺术气息，因而也被认为是景观内容中最有特色的部分。当认识到装置艺术作品对景观艺术性的增益潜力较大时，景观设计界便出现了外部引入和内部挖掘两种倾向。外部引入即景观设计师在做景观整体设计时，邀请装置艺术家一起进行创作，把装置艺术作品作为景观设计中的一个重要部分；内部挖掘则为景观设计师引入装置艺术的创作手段，将景观构筑物和景观设施进行装置化设计。无论哪种倾向，都标志着景观设计界已经接受装置艺术作品成为景观内容的一分子，并认为其对景观特色的塑造潜力巨大。景观中的装置是一个很好的载体，既能承载文化的内容，也能展现高科技带来的感官效果，还能通过引发行为互动来提高公共空间的活力。

自《甜甜圈花园》作品获得成功之后，景观设计师玛莎·施瓦茨便一直坚持在景观艺术的道路上孜孜不倦地探索着。她的景观设计作品往往都追求不同的艺术性，而艺术性的体现多是由景观装置作品来呈现的。在她的作品中涉及了装置作品景观化的多条途径，她使用过现成品来设计景观，也喜欢用现成材料和现代材料来设计景观，还尝试过景观设施装置化设计手法，都取得了不错的艺术效果，也带来了唯美的景观视觉体验。在"垂柳花园"的设计中，玛莎·施瓦茨用塑料做了一棵很大的"柳树"，"柳树"在风的作用下摇曳，音响系统则播放着女人哭泣的声音（图1-7）。作品用现代的材料模仿植物的形态，并从视觉和听觉两个方面来塑造景观的多重体验。

　　在纽约雅克博·亚维茨广场景观设计项目中，玛莎·施瓦茨用绿色木制长椅围绕着广场上6个圆球状的草丘卷曲舞动，产生了类似模纹花坛般涡卷的图案，利用弯曲的线条将大空间分隔出不同的小空间，增加了场地空间的趣味性（图1-8）。在这个方案中，弯曲的长椅代替了修剪的绿篱，球形的草丘代替了黄杨球。公共座椅作为外部空间中的景观设施被进行了装置化的组合和排列，呈现出艺术化的表现形态，从而探索景观艺术化表达的另一途径。

　　在北方町（kitagata）公寓景观设计项目中，施瓦茨用四种颜

图1-7　垂柳花园

图1-8　雅克博·亚维茨广场景观座椅

色的树脂玻璃墙围合出四个表现春、夏、秋、冬景观的小庭院，为不同需要的人群营造不同的私密空间（图1-9）。这个作品从某种意义上已经打破了景观与装置的界限了，整体上可以理解为景观设计作品，围合的小庭院可以理解为公共空间中的装置艺术作品。小庭院使用了现代的材料——四种不同颜色的树脂玻璃，又纳入了生长的植物作为组成元素，并具有可以进入体验的

图1-9 北方町公寓四季庭院

参与性,这些都是装置艺术的典型特征。施瓦茨的景观设计作品中频繁地使用了装置艺术的手段,也有着不少装置艺术作品充斥其中,使得其景观设计作品有着较高的艺术性,也为后来的景观装置的兴起提供了最初的灵感。

至此,最初以装置艺术为范本的景观装置逐渐地浮出水面,同时这也是装置艺术拓展的一个前进方向。空间语境的增强和介入环境的需求,使得装置艺术作品更多地介入公共空间,成为景观内容的一个组成部分,进而景观领域也发现了装置艺术的景观塑造潜力。于是装置艺术家、景观设计师乃至建筑设计师都开始进行景观装置设计的研究与实践,从而推动了景观装置的迅速发展。

2

潜力：艺术介入公共空间的需求

　　城市中公共空间的发展一直受到很大的关注，而近代在发展速度过快和商业化加剧的背景下，公共空间的品质和活力都有所下降。因而，通过公共空间中的艺术创作提高公共空间的品质、引发公共空间的活力这一策略被提及。艺术作品在公共空间中一直占有一席之地，但传统艺术作品形态自完成时就不再改变，且对行为活动的激发显得有些束手无策。而装置艺术等新兴的艺术形式以其临时性、易组装、互动性强的特点，既能适应快速发展带来的空间内容更新需求，也能引发更多的行为互动，从而激发公共空间的活力。

图片素材

2.1 缺乏活力的城市公共空间的艺术需求

2.1.1 公共空间中的艺术创作

早期城市公共空间最重要的类型是城市广场，其承担着多种功能（如集市、庆典、集会、展演等），后随着社会发展产生了许多进行专门活动的场所，使得公共生活的许多内容发生了重组，城市广场中的活动类型不再像以前那么多样了，于是一些非重要地区的城市广场逐渐走向衰落。与此同时，一些小型的公共空间（如社区花园、商业街等）却展现出越来越多的活力。于是公共空间的建设者们逐渐认识到贴近生活、有商业气氛、允许艺术创作试验、多样的空间类型以及更多的交流互动等，这些都是使公共空间保持活力的方式。这些方式中相对灵活、可控度高的当属公共空间中的艺术创作，因而公共空间中便有了引入艺术创作的需求。当艺术创作活动和艺术作品走出固定的展示场馆走向公共空间时，便出现了公共艺术。公共艺术是以人为价值核心，以公共空间、公共环境和公共设施为对象，以综合的媒介形式为载体的艺术行为。因而，公共艺术不特指哪一种艺术门类，而是包含了在公共空间中创作的，具有开放性、公开性特质的艺术创作。在公共空间里的满足开放性和公开性要求的装置艺术创作，也属于公共艺术创作的范畴。装置艺术作品因其与环境的融合度高，能引发更多交流与互动，成为公共艺术中最具活力的一种艺术创作形式，被广泛地应用于公共艺术创作中，成为城市公共空间引发活力的重要内容之一。

当代艺术提出走向公众，为更多的人民服务，这也是艺术走进公共空间的助推力之一。公共空间是普通人可以随意进入的共享空间，当艺术创作出现在普通人自由可及的公共空间中时，也就真正实现了艺术走向公众。许多国家设立了国家艺术基金用以资助公共空间中的艺术创作，而资助标准中一般都包括为公众服务、强调公众的参与等要求，以保证广大人民共享艺术。因此，艺术创作首先走进的公共空间多为普通人经常进入和经过的空间，如城市广场、公园、步行街、车站等。于是在城市公共空间中的艺术创作便多点开花式地逐渐兴盛起来，从事公共空间中艺术创作的群体也呈现出爆发式的增长。在国内，近十几年来公共空间的艺术创作也逐渐兴盛，虽然创作团体的组成和国外有着一定的差别，但丝毫不影响公共空间中艺术创作的热情，并逐渐地呈现出注重审美、热衷表达本土文化，以及使用新材料、新技术的创作倾向。

随着艺术创作在公共空间中的不断发展和蔓延，渐渐地，艺术创作进入空间景观内容之中，甚至会一直延伸到建筑的外部装饰。而景观和建筑设计也从公共空间的艺术创作中找到了灵感，并丰富了它们自身的设计内容。公共空间的艺术创作中对它们影响较大的当属装置艺术，于是我们经常会看到"景观装置"和"建筑装置"这样的词语被提及。由此可见，公共空间中的艺术创作不仅成为空间内部及空间界面的组成部分，还为城市景观和建筑的设计带来了新灵感。

2.1.2 公共空间艺术创作的途径

公共空间应该是对外开放、活动公开、公众积极参与的空间，那么公共空间中的艺术创作也应该是开放的，并能引发人的行为互动。早期公共空间里的艺术创作主要强调对人的教育、审美和心理调适等精神层面的功能。随着社会的发展，单一精神层面的艺术创作渐渐地不能满足社会需求，其对公共空间的活力增益较为有限。因此，公共空间中艺术创作也开始寻找一些新的能激发空间活力的创作策略，如增加趣味性、产生更多的互动参与等。渐渐地，公共空间中的艺术创作在纯精神层面和物质活动参与层面进行了兼顾与平衡。发展至今，公共空间里的艺术创作一般有两种途径：一种途径是根据空间的具体情况和周边环境，选择一门艺术类型来进行艺术创作，例如依附公共场所的墙面进行壁画、浮雕或者涂鸦等艺术创作；另一种途径是选定一种艺术形式，根据公共空间需求来进行艺术创作，装置艺术等可塑性强的艺术门类能更好地满足此种途径的需求。

　　第一种途径是传统艺术在当代公共空间中的创作传承，其最初较为注重精神层面的功能，希望通过塑造美的形态来进行审美教育和引发审美愉悦。但随着社会发展引起的公共空间需求的变化以及当代艺术的强烈挑战，许多传统艺术门类也在进行着自身的改变，例如，雕塑开始采用新材料以及新的生产工艺，壁画引入新的媒体表现方式，浮雕以现成品来绘制图案等（图2-1）。改变后的传统艺术门类的创作也紧跟时代的步伐，同时兼顾了行为活动参与层面的需求，能引发行为互动，带来更多人的行为参与。

图2-1　海洋生物浮雕

　　第二种途径则可以视作当代艺术在公共空间中的创作宣言，当代艺术的口号之一便是走向公众，因而在公共空间中进行艺术创作是当代艺术的本体诉求。当代艺术产生之初便寻求在公共空间中进行艺术创作，因而很多当代艺术类型都具有在公共空间进行各种不同艺术创作的可塑性。

其中，装置艺术就具有在不同公共空间甚至公共空间不同区域中进行创作的广泛适应性。不同的创作规模、不同质地的材料以及多样性的构筑手段等，可以适应在不同的公共空间中进行创作；既可以独立存在，也可以结合人工场地或自然环境进行创作，甚至还可以依附自然物或人工构筑物放置，装置艺术作品可以出现在公共空间的各个小区域内（图2-2）。

两种途径可以概括理解为"再生"途径和"原生"途径。构

图2-2　附着在建筑立面的装置

建"原生"途径的现代艺术在诞生初始对传统艺术进行了反叛，也主导着艺术从架上走向架下，走进城市公共空间中来。而传统艺术受到了现代艺术的冲击后，为了适应时代的发展和需求也开始走向公众、走进公共空间，以寻求新的发展和"再生"。

无论哪种途径的公共空间里的艺术创作，都是艺术走向公众的社会需求和时代需求的结果。而且随着社会的进一步发展，公共空间里的艺术创作仍呈现出方兴未艾的发展趋势，并逐渐地从城市公共空间蔓延到乡村公共空间。

2.1.3　艺术创作不同阶段的呈现

随着社会的进一步发展，在公共空间中艺术创作的重要性越来越高，建设者和设计师们普遍认为：在城市公共空间设计中，视觉艺术表达和社会环

境需求同等重要。而视觉艺术表达中最有特色和艺术性的部分便是公共空间中的艺术创作。由此可见,现如今公共空间中的艺术创作已经是不可或缺的一个重要部分。艺术创作成为公共空间中的一种需求,可以提升空间整体的视觉美感,有着激发空间活力的巨大潜力,并在城市发展的不同阶段有着不同表达策略。

在城市全面建设阶段,艺术创作是公共空间中不可或缺的组成部分,在设计阶段需要有充分的思考,在建设阶段需要有完备的实施。城市建设阶段的公共空间要求内部和外部都应美观,具有吸引力,因而艺术创作承担着美化空间和增加吸引力的职责。这一阶段的艺术创作需要综合考虑建设的总体要求,进行一定的整合化设计或者是关联性创作,公共艺术作品与空间中的景观乃至外围建筑之间相互协调、相互影响,一起打造一个新的公共空间总体环境。在城市建设阶段,城市公共空间中的艺术创作既可以是物(作品)的组成元素,也可以是景(场景)的协调性因素,还可以根据建设需要打造一定的地标式作品,但总体上要服从整体规划的安排。

在城市更新改造阶段,公共空间中的艺术创作则会发挥更为积极主动的作用,可以主导空间改造的主要内容,甚至可以在不改变基础构筑物和主要场地关系的情况下,完全以艺术创作来改变公共空间景观环境的总体印象。当今,世界许多国家已经走过了高速发展的建设阶段,国内的整体建设也有所放缓,城市更新成为时下关注的热点问题。城市公共空间中的艺术创作是城市更新的重要手段之一,而创作的艺术品也是更新内容的重要组成部分。以艺术创作为应对性策略,打造更具艺术人文气息的城市公共空间,是城市更新改造的一条有力的途径。同时,因为艺术作品也可以作为文化的载体,起到传递文化信息的作用,对城市空间中的人文气息回归和文化传承会有很大的增益。可见,在城市更新改造阶段,公共空间中的艺术创作的效用更为重要和全面,能为城市建设提供更多的途径与策略。

一方面，从管理者的角度看，认识到城市公共空间的建设与发展需要艺术创作的加入；另一方面，艺术家们也积极寻求在公共空间中进行艺术创作的探索。于是在外部需求和内部要求的共同作用下，公共空间中的艺术创作活动逐渐活跃起来，艺术家们开始探寻介入公共空间艺术的各种可能。

2.2 介入型艺术创作的兴起

随着艺术家们在公共空间中进行艺术创作的不断探索，介入型艺术创作逐渐地开始在公共空间中发力，并进行了许多研究与试验。介入型艺术实际上是来自艺术家们对城市环境的敏感，当代艺术走进民众的愿望，使得艺术走向公共空间成为现实，从而实现了公共空间和公共艺术的双重共享。

公共空间中的介入型艺术伴随着现代艺术的革命而来，并在出现之初的几十年间一直持有反思地进行试验性创作。艺术家们首先对当代的公共空间进行了深入的思考，并提出真正的"公共空间"不是实体的空间，而是人们群体的动员，以及这些行动、发言的人为此目的所拓展、使用的空间。公共空间中的艺术创作应该是一种助推的媒介，使人与世界以及人与人能有更多的相遇和交流，传统艺术关注的作品自身的独立美感反而不是它的重点。因而，艺术家们不再专注于创造具象物件，并让人们对这些物件专注反映，而是要创造人与整体现场环境的新关系。介入型艺术的这些思考，为公共空间里的艺术创作拓宽了视角，其从空间和时间两个维度进行创作实践研究，创作出了较多优秀的公共艺术作品，也打造了多个高品质、有活力的公共空间。

2.2.1 塑造新的城市公共空间

20世纪80年代开始，介入型艺术逐渐地开始兴盛起来，开始出现在城市街道、滨水区以及城市广场等公共空间中。艺术家们试图重新理解和定义公共空间的内涵，并进一步指出公共空间不仅仅是简单的空间实体和单一个体的聚集，而是一个可以偶然相遇并相互聆听和交流的空间，也是一个含有视觉和听觉等多重体验的空间。艺术家希望通过艺术创作连接更多的人文艺术内容，诸如唤醒共同的记忆，体验人与世界和他人的共生与共享，空间和行为的共同参与等。作品《全景录像》由艺术家在法国里尔的一处开放空间中创作，位于两车站之间的通道本来很少有人驻足，只是大家匆匆通过的交通空间，艺术家在这里的两面墙壁上镶嵌了29个不同尺寸的放映屏，引起了通过者驻足观看（图2-3）。屏幕播放的视频来源有两种：一是具有代表性的欧洲城市的有声影像，艺术家称其为有影音效果的"风景明信片"；二是两个监控摄像头上传的即时城市影像，其中一个监控摄像头在现场，观众可以从屏幕中看到自己的活动。过往的行人可以欣赏配有音乐的风景影像，也可以看到周围的城市概况，引发对比的联想，同时还可以在屏幕中看到自己以及和自己一样参与进来的人的活动。屏幕的介入，使得空间中猎奇的人逐渐增多，引起了人与艺术以及人与人的相遇，从而激发了公共空间的活力，让原本冷清的交通空间变得更有活力。艺术作品《九个空间，九棵树》位于城市中一个公共建筑入口处的开敞空间中，艺术家在原来较为空旷的空间中种植了九棵树，并围绕九棵树以金属支柱和半透明的蓝色塑胶板分隔出九个小空

图2-3 《全景录像》

间（图2-4）。从路边走过来可
以看到清晰的入口，但进入小
空间中，半透明的塑胶板就营
造了多变且迷幻的空间体验，
会有一种走进迷宫的感觉。这
个作品并不提供清晰的行进路
线，而是要提供一种刺激性的
游戏体验，引来更多的参与者

图2-4　《九个空间，九棵树》

感受特殊的行经体验。这个作品改变了之前空旷空间无人滞留和闲逛的冷漠
状态，引发了更多的参与和交流，同时也给参与者带来了特有的行经体验和
感受，也会让参与者看到不同的视觉景象的变幻。

艺术家在城市公共空间进行创作时，需要考虑场地空间的特点，也会借
鉴城市建筑和景观的设计手法来进行艺术创作。艺术家丹·格雷厄姆创作的
作品《南特的新迷宫》位于法国南特市荷米尼尔司令广场上，使用了各种不
同样式的玻璃、金属网架，配合砌筑墙体和藤类植物完成了特殊场所的营造
（图2-5）。这个用景观布局手段和构筑组合方式完成的公共空间艺术作品几乎
本身就是一个景观设计作品。但不同的是，艺术家没有像景观设计师那样考
虑艺术与实用的结合，而是通过不同反射度的玻璃乃至地面雨水的反射，营
造了一个视觉上的迷宫，给行经者以特殊的场所经验。艺术家对建筑历史和
花园文化感兴趣的知识背景，使得其对场地的定义具有一定的综合性，既考
虑了景观的一些基本功能，也着重表达了艺术创作的观念性营造。作品提供
了可供行经者行进和停留休息的一些基本功能，也营造出一些具有一定私密
性的外部空间。但更主要的是，艺术家通过营造的小世界反射所有在这个场
域中的事物，包括经过的路人和天空流动的云朵动态变化的内容，使得每个
人在每个不同的时段看到的景象都不尽相同。同一地块外部地点的稳定和内

图2-5 《南特的新迷宫》

部视觉内容的变换同时并存，从而使得行经者对其认知有着双重的存在经验。在特定的光线中、在城市中的一小块地方里，个人经验与当下城市经验共同存在。

另外，介入型艺术在公共空间中进行创作除了借用景观与建筑的手段之外，有的作品还会直接使用景观和建筑的界面进行创作。大型智能交互式装置作品《参与者》将景观组成的广场地面作为感应界面，收集参与者的动态行为，通过传输系统传递给计算系统，经过计算后在建筑的立面上反馈出来，建筑的立面又成为艺术作品的反馈界面，展示出动态变化的视觉效果。感应界面吸引来参与体验的"演员"，同时也有很多驻足观看的"观众"，而当跃跃欲试的"观众"终于忍不住要亲自体验的时候，也就完成了由"观众"到"演员"的身份转变。

上述的几个案例虽然可参与的程度不同，但都能引来行人的驻足观看和行为参与，这使得公共空间中会产生更多的偶发事件，增加公共空间中的活动内容和人流量，能极大地提高公共空间的活力和品质。当意识到介入型艺术创作对城市公共空间塑造具有重要意义时，公共空间中的介入型艺术创作便逐渐地兴盛起来。

2.2.2 公共空间引入介入型艺术创作

介入型艺术创作给城市公共空间带来的增益逐渐地得到认可，于是公共空间中的介入型艺术创作日渐增多，在一些日常人流量较大的较为重要的城市节点空间也开始有意识地引入能介入场地和空间的艺术创作。其中城市广场和城市公园越来越多地重视能关联场地和引发参与的艺术作品的创作，而城市公园又往往可以同时引入多个此类别的艺术作品。城市公园以其宏大的规模可以承载数量庞大或是样式繁多的艺术作品，这为公共空间里的艺术创作提供了可供选择的场地与环境。

近代以来，公园中的艺术作品逐渐增多，并从最初的单点引入发展到如今的集群化、系列化的外部空间艺术作品创作。1998年在法国翁根勒本完成的作品《钟，玫瑰花园》，是在湖边的城市公园中装设了十个一组的铜钟，这些铜钟等待着被演奏（图2-6）。在跃跃欲试的观众中，有鼓起勇气的观众尝试进行触碰，进而参与演奏，身份由观众转变为演奏者，其他观众看到业余演奏者自由地进行尝试与表演，继而便会有人源源不断地参与进来。远处的人也会被演奏的声音吸引，走过来驻足观看，进而完成由行人到观众的转变。艺术家对作品还有其他要传达的内容，但不可否认的是，引发更多的参与才对空间活力有更大的增益。

图2-6 《钟，玫瑰花园》

2005年在纽约中央公园中，法国艺术家克里斯托夫妇完成了大型装置艺术作品《门》的创作，这个作品虽然只是重复简单的一种形态元素，却是在公园中引入数量庞大的艺术作品的一个先例。这个作品完全是依据原有的景观框架（主要是景观路径）进行的创作，但却使得不显眼的行走路径有了显性的并备受关注的视觉效果，重新定义了景观的总体特色，给予公园中的活动者以全新的行进体验和视觉感受。2004年建成的芝加哥千禧公园可以说将公园里的艺术创作推到了令人瞩目的程度，公园中三大代表性景观点露天音乐厅、云门和皇冠喷泉备受世人关注。虽然露天音乐厅也呈现出较高的艺术特色，并具有很好的关联场地的景观性，但因其塑造了功能性强的使用空间并为建筑师完成的作品，所以不作为重点论述对象。这里主要对云门和皇冠喷泉进行分析和陈述。云门由英国艺术家安易斯设计，整个艺术作品体积庞大但造型却很别致，像一颗巨大的豆子（图2-7）。整个作品通体用不锈钢材料拼贴而成，表面光滑如镜，能反射周围的景物以及人的活动，并能产生哈哈镜般的视觉变形效果（图2-8）。行人在远处能观望到云门反射的天空中的云朵和地面上的行人，并能感受到球面镜般扩大视角的收景效果；而靠近云门便可以看到自己在云门中的镜像，呈现出哈哈镜般的变形效果，调皮的孩子们甚至会触摸云门或在云门下仰卧以脚触碰云门表面，并观察自己在云门

图2-7　芝加哥千禧公园云门1

中因变形而显得有趣的活动影像。到了晚上，云门还能镜像周边特殊的照明效果，也能吸引很多行人驻足观看，成为公园中人员活动密集的空间场所。皇冠喷泉由西班牙艺术家乔玛·帕兰萨设计，是两座相对而建的方形体量，主界面是由计算机控制的15米高的显示屏幕，交替播放着代表芝加哥的1000个市民的不同笑脸，欢迎来自世界各地的游客。每隔一段时间，屏幕中的市民口中会喷出水柱，为游客带来突然的惊喜。行人从远处可以观望大屏幕的影像变

图2-8 芝加哥千禧公园云门2

图2-9 芝加哥千禧公园皇冠喷泉

化，靠近后会看到从影像口中喷水的趣味瞬间，孩子们在盛夏季节会把这里当作戏水乐园尽情地嬉闹（图2-9）。云门和皇冠喷泉无疑是公园公共空间里非常成功的艺术创作作品，无论是从视觉感受方面还是行为参与方面，都赋予了公园景观以丰富的内容，极大地提升了公园公共空间的活力和品质。

从自发介入和主动引入，说明了介入型艺术创作已逐渐成为公共空间里不可或缺的一部分，而这些介入型艺术作品越来越多地考虑变化的视觉感受和更多的行为参与，大都具有装置艺术作品的特性，或者说大部分都是以装置手段和观念来完成的艺术作品。所以，经过早期的公共空间里艺术创作的

实践和发展，结合公共空间的现实需求，介入型艺术作品有着越来越多的互动性需求，整体创作上也自然而然地体现出更多的装置化倾向。

2.3 介入型艺术作品互动性日趋强化及其装置化倾向

扬·盖尔在《交往与空间》一书中把户外活动划分为三种类型，即必要性活动、自发性活动和社会性活动。其中自发性活动对空间活动的丰富性影响最大，而自发性活动需要空间及空间中的内容能引发人们积极参与，才会更多地发生，我们之前提到的偶发事件也大多属于自发性活动这一类型。因而城市公共空间的规划必须考虑能更多地引发自发性活动，需要更多的参与和互动。在这种情况下，城市公共空间中一成不变的艺术作品不再能满足当代城市公共空间的发展需求，引入互动性强的艺术作品便成为一种发展趋势。与此同时，装置艺术作品经过不断地发展，越来越多地进入城市公共空间中，并以其综合的手段、构建的便捷和良好的参与性等特征，引发了更多自发性活动的发生。因此，介入城市公共空间中的艺术创作在充分考虑互动可参与的同时，也呈现出一种装置化的倾向。

随着介入型艺术作品对互动性效果的不断探索，呈现出互动程度各不相同的状态，下面根据互动程度的不同大致划分出三个类别，分别是低反馈度的尝试与接收、中反馈度的步入或操作体验和高反馈度的新媒体互动探索。

2.3.1 低反馈度的尝试与接收

低反馈度的艺术作品往往追求变化的视觉、听觉等感官效果，作品大都呈现静止的状态，通过感官效果的变化引发行经者的观察和参与。视觉上产生变化的作品从简单变化逐渐地向复杂发展。上文提到的大型装置艺术作品《门》便是较为简单的视觉转变的作品之一，作品改变了行走路径的原貌，同时在风的作用下，每一道"门"的布帘也会迎风招展，呈现出动态的模样。而克里斯托和珍妮·克劳德这对艺术家夫妇的大部分"包裹"作品都呈现出这样的状态，例如著名作品——被包裹的柏林议会大厦和被包裹的海岸线（图2-10、图2-11）。包裹之后改变了原有被包裹物的视觉经验，同时软质的包裹物在风的作用下实时地起伏变化，与被包裹物原本呈现出的坚硬和稳定形成了视觉上动与静的对比。艺术作品《无论如何，我将与你同在》同样使用了包裹的手段，用金属杆件在原来的实物雕像周围搭建了包围型的框架，框架外包覆着银色金属网，形成了美观的折纸般的造型（图2-12）。包覆物对原有雕像仅进行了部分遮挡，从广场周边只能够观察到

图2-10　被包裹的柏林会议大厦

图2-11　被包裹的海岸线

图2-12　《无论如何，我将与你同在》1

图2-13 《无论如何，我将与你同在》2

雕像的头部和举起的手。根据不同的光线条件，雕像将呈现出若隐若现的效果。另外，在新建的包覆结构中还设置了新的照明系统，使得整个艺术作品在晚上呈现出更具观赏性的视觉效果（图2-13）。这个艺术作品除了在新与旧之间让参与者体会到不同的视觉感受之外，还在新旧构筑之间塑造了一定的内部空间，行人可步入观赏，还可以在内部空间的座椅上休憩，会引发更多的参与和互动。随着照明和影像技术的发展，城市公共空间出现了一些可以随着时间或音乐等因素变化而变换视觉效果的照明艺术装置和影像艺术装置。位于西班牙的艺术作品——水幕投影雕塑，使用了水幕投影的新技术，在视觉上呈现出虚幻新奇的影像变换的效果，会吸引行人驻足观看，一些好奇心强的行人会尝试触摸水幕去验证幕墙的真实性（图2-14）。

图2-14 水幕投影雕塑

　　近年来，公共空间中让人们感受声音的艺术作品也是层出不穷。在日本东京完成的介入型艺术作品《传声筒》，是较早出现的以感受声音为主要体验的艺术作品。作品将六个金属管制作的传声筒架设在连接两栋大楼的天桥栏杆上，古典的沟通工具传声筒收音端朝向天空，扩音端位于天桥栏杆的固定点附近。过往的行人会驻足研究这个有些陌生的金属物件，逐渐发现它有声音传递的效果（图2-15）。当参与者把耳朵贴在扩音端，会听到两个来源不同的声音混合，即来自城市的混杂声音（引擎、叫喊、冲撞等）和来自自然的声音（风和雨等）。在这里，参与者会感受到不曾有过的听觉体验，而且传声筒传递的声音会随着天气和环境活动内容的变化而变化。《鸣铃之树》是Tonkin Liu工作室在英国伯恩利完成的一件由风驱动的声音艺术作品，装置由不同长度的钢管堆叠而成，呈现出树木一般的外部形态（图2-16）。装置的每一层钢管与下一层钢管相差15度，以呼应风向的变化。当风通过不同位置、不同长度的管道时，此作品

图2-15 《传声筒》

图2-16 《鸣铃之树》

图2-17 《风声亭》

将演奏出不同的和弦。每当人们来到这里，席地而坐，都将聆听到不同的乐曲。艺术家卢克·杰拉姆的作品《风声亭》与《鸣铃之树》有异曲同工之妙，同样使用了数量较多的金属管来组构艺术作品。《风声亭》外形像光芒四射的太阳，向外发散的钢管同样是声音的收集器，并有部分钢管内附有琴弦，对声音的感知更加敏感，能将微小的风力变化传递给收听的人群（图2-17）。作品具有的拱形结构能将声音向中心聚焦，步入其中会体验到更加特别的声音效果。另外，在拱形结构下方，参观者可以通过310个抛光不锈钢管口欣赏光之景。这些管口为参观者取景并将之放大，随着天空中云朵和太阳的移动，参观者的体验也在每时每刻变化着。

这一分类中的艺术创作作品自身不能因为行为的作用而产生相应的变化，但会随着时间和周围景象的变化而变化，参与者可以通过参与探索和发现不同的视觉、听觉等的感受。这里面提到的作品《无论如何，我将与你同在》以及《风声亭》，由于作品本身围合出一定的空间，参观者可以步入作品中体验其空间性内容，已经有向中反馈度作品靠近的倾向。

2.3.2 中反馈度的步入或操作体验

中反馈度的艺术作品可以分为两种类型：一是作品提供一定的空间可供参观者步入其中，产生一系列的行为活动，动态体验作品的艺术效果；二是作品能对作用于其的操作进行简单的回馈。上面提到的作品《南特的新迷宫》属于第一类，即能提供可供步入的空间，参观者可以在其中行进，也可以适当地坐卧停留，在活动中体验作品带来的不同视觉效果。而作品《钟，玫瑰花园》则属于第二类，参与者触碰铜钟会有乐音回馈，懂音律的参与者甚至可以进行简单的演奏，进而能听到优美的乐曲。

可以进入的公共空间艺术作品都具有一定的空间性，这使得其往往与场地关联紧密，或是进行一定的空间构筑。出现在英国伦敦的艺术作品《请坐》装置呈现出多重环形的总体布局，每一环都呈现出上升和下降的起伏形态，参与者可以穿过升起部分的拱门在装置中行走，也可以在下降部分的座椅上坐下来或躺下来休息（图2-18）。这一艺术作品既能提供可以活动的空间，还能为参与者提供休憩的设施，能引发行经者较深地参与活动。位于韩国首尔的艺术作品《草地长椅》与《请坐》装置有着异曲同工之妙，使用了相同的材料组成，同样提供可供坐卧停留的使用功能，只是形态上略有不同。《草地长椅》呈现出植物根系蔓延的形态，区别于《请坐》装置的同心圆构成（图2-19）。另外，

图2-18 《请坐》地标景观装置

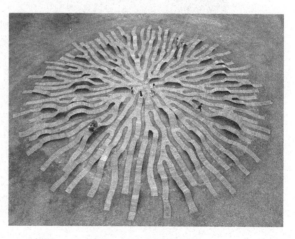

图2-19 《草地长椅》

《草地长椅》更加扁平化，没有可供直立行走穿过的拱门，但可以从"根系"的间隙中穿过场地。《谧静立方》是一个由白色矩形轻质钢架结构交织而成的装置艺术作品，它交织出一个具有空间层次的独特的结构，使五个箱体通过悬挂、飘浮及脱离相互呼应（图2-20）。轻质半透明聚碳酸酯面板创造出水平的发光箱体，并呈现出明暗脉动的变化效果。它们由相互连接的光线作为引导，使游客能够漫步其中探索未知的动线。脉动的半透明水平箱体唤起人们的好奇心，引导游客步入作品中进行游览。在箱体中，游客既可以感受到内部的光线变化，还能通过箱体欣赏各种框景。游客受邀进入水平箱体来探究"光之呼吸"的同时，其形成的剪影也成为装置艺术表演的一部分，供外部游客欣赏。《谧静立方》塑造了立体的可步入空间，参与者可以在其中水平方向穿过，也可以在垂直方向上进入箱体，并在箱体中感受光影变幻以及欣赏框景。而行人的参与也改变着外部的视觉效果，增加偶发事件的发生频率。可参与度较高，并通过参与丰富作品的内容，是这一类别艺术作品的特征。

图2-20 《谧静立方》

　　可以对操作行为产生简单反馈的作品中，像《钟，玫瑰花园》那种声音反馈的作品为数不少，而且大多是与乐器相关的艺术作品，如挪用敲击乐器和弦乐器等样式进行艺术作品的创作。《云朵》是一个公共空间中的互动性艺术作品，通过拉动吊线开关产生明暗变化的视觉反馈（图2-21）。作品由6000个或新或旧的电灯泡打造而成，整体外形远看像飘浮的云朵，近看又像一棵繁茂的大树。一层白炽灯泡满满地铺设在钢制骨架上，且每一个灯泡都配有一条拉绳，参观者可以通过它们控制装置的明暗。通过简单地拉动吊线控制灯泡的明暗，产生视觉上的互动反馈，并随着参观者变化呈现出不同的视觉光感变化。英国的生态工作室完成了两个《空气泡泡》系列作品，在这两个作品中主要通过触感反馈引发更多的人参与其中，同时作品还融合了藻类空气净化系统，活动的人越多、活动频率越高，空气净化的效果就越好。其中在英国格拉斯哥市完成的《空气泡泡》作品，是用透明的充气膜结构塑造出的类水母形态的装置，并可以进入其中自由地穿行，感受充气结构柔软的触感和尽情呼吸被净化过的新鲜空气（图2-22）。《风车装置》艺术作品仍然是通

图2-21 《云朵》

图2-22 《空气泡泡》装置

图2-23 《风车装置》

过操作体验视觉变化反馈的作品，但其操作的趣味性和视觉的变化度都相对较高（图2-23）。作品由380根金属柱子支撑，每个柱子上都有一定数量的木制轮子，圆柱上的每个轮子都与另一个轮子对称排布。当参与者操纵一个轮子转动时将引发相邻轮子的运动，经过多重传递后形成许多轮子同时转动的视觉景象。由于转动每一个不同的轮子都可能引发不同的转动组群同时转动，会激发参与者的好奇心，尝试转动不同的轮子去观察其能引发的转动组群同时转动的视觉效果。而通过参与这件作品的互动，还会引发参与者关于个体与群体关系的思考。

这一分类中的艺术创作作品既涉及空间和设施的综合塑造，也会通过操作产生五感的及时回馈，比起第一种类型，参与度和互动性都要高一些。其中《风车装置》艺术作品参与度较高，通过操作产生作品自身动态变化的效果也较丰富，甚至达到了中高反馈度的水平。

2.3.3 高反馈度的新媒体互动探索

高反馈度的新媒体艺术作品在近年来得到了快速的发展，由于智能化水平的进一步提高，新媒体技术可以提供更好的交互性，所以在这种技术条件下可以创作反馈度更高的艺术作品。高反馈度艺术作品会对介入的行为产生动态变化的及时反馈，会使人产生一种沉浸其中的感觉，甚至会产生邂逅"鲜活场景"的错觉。

上文中数次提到的大型智能交互式装置作品《参与者》便是这一类别的代表之作，可以点亮边缘的格块分别位于广场地面和远处的建筑立面上，参与活动的行人在地面格块上行走或跳跃，踩踏到不同格块单元，点亮的格块数量会有各种变化，可能是只点亮踩踏的格块，也可能是位于踩踏格块同一条直线的所有格块全部点亮，等等（图2-24）。参与活动的行人每触碰到一个新的格块就马上会反馈出不可预知的点亮规则与点亮数量，会引发更多的行人参与进来一起探索点亮的规律和效果。另外，在建筑立面上的格块也会与地面上的格块关联，触碰地面格块的同时立面上的格块也会相应地被点亮。这是一个反馈度和变化量都很高的艺术作品，能极大地激发行人参与的兴趣。《映像睡莲》是为上海静安区嘉里中心广场创作的艺术作品，是一个新型的虚拟互动花园，天黑之后这个特定场地的虚拟现实花园就会活跃起来。这里布满了各种花卉和不同种类的光感植物，行人在长达600米的动感地面上走动时，花园装置能感受到他们的脚步，在花朵周围开辟出"探索之路"（图2-25）。这是媒体影

图2-24 《参与者》

图2-25 《映像睡莲》

像能感应行为作用的代表作品之一，影像能迅速地感应行为并产生及时的变化，具有极强的交互体验。时下出现了非常多的沉浸式影像艺术装置，能在界面上展现活灵活现的场景，同时这些装置还设有监控设备和动作捕捉设备，能及时发觉并对点捕捉参与进来的行为动作，并通过装置对参与进来的行为动作进行感觉层面的反馈，具有非常强的实时互动性。商业资金的注入也诞生了一些互动体验性较强的公共艺术作品，耐克公司打造了名为"无限"的交互性智慧跑道，百事公司通过无人机投影等新技术手段完成了全自动足球场交互式投影装置。这两个作品都吸引参与者进行运动，影像界面会对运动产生实时交互反馈，让运动变得更有趣味性，从而让更多的人参与进来。

这一分类中的艺术创作作品大都采用了新媒体和新技术，打造智慧型的实时互动性艺术作品，作品的参与和操作的反馈度极高，并且充满了位置的变化，会极大地引发人们参与的兴趣。另外，当下的智慧城市建设终端很多都具有很好的交互效果和较高的艺术性，而且还较多地使用了装置化的手段。

2.3.4　互动要求下的装置化倾向

当艺术创作介入城市公共空间以后，其一要考虑与城市环境的结合，其二是要综合各种材料运用和创作手段，其三是要更加开放并引发更多的参与和互动。而装置作品往往能同时满足以上三个要求，所以公共空间里的艺术创作作品为了能更好地融入空间引发互动，渐渐地呈现出越来越多的装置化倾向。

首先，装置艺术本身就是关于环境的艺术，因此其与环境有着密切的关联，很多装置作品也必须关联空间环境去解读。因而公共空间中的艺术创作从关联环境的角度会更多地考虑使用装置艺术作品，或者采用装置化的手段去进行创作。而介入公共空间的艺术作品以装置或装置化的形式去进行创作，能更好地关联空间，与环境形成一个融合的整体。

其次，在公共空间中进行艺术创作，因为考虑与环境融合、地域文化和人群多样等因素，从而会综合使用各种材料或者现成品进行创作。例如，考虑与周边整体协调而采用与周围建筑或设施使用相同的材料，考虑纳入周围环境进入作品因而界面采用具有反射效果的材料，考虑引起一定的人群共鸣而使用生活中常见的材料或现成品，等等。另外，公共空间中的创作大都具有一定的规模，通常也会考虑采用工程构筑及工业装配等的综合手段来完成艺术作品。无论是使用多种材料或者现成品，还是使用构筑或者装配的创作手法，这些都是装置艺术与生俱来的特性。

再次，公共空间里的艺术创作需要引发更多的参与和互动，让更多的人在这里相遇、交流和活动。公共空间不只是众多个体集结的空间，它还是一个可以让人相遇、相互聆听的空间，一个含有视觉与听觉的空间。装置艺术作品的开放性解读的特点使得它有着与生俱来的互动性，能很好地满足城市公共空间的开放性与互动性要求。在20世纪末，装置艺术逐渐走向城市公共空间后获得了极大的成功，能很好地引发关注和参与，从而激发公共空间的活力。另外，装置艺术能打破各种艺术门类边界并综合使用各种创作手段。随着时代发展，不断地引入各种新兴的材料和技术手段，紧跟时代步伐，满足当代人审美与活动的需求，介入公共空间会更好地引发参与，提高公共空间的活力。

因为装置艺术的这些优势，越来越多的公共空间中的艺术创作呈现出装置化的趋向，甚至公共空间中的一些建筑和设施都尝试进行装置化的呈现，以引发更多的参与和使用。

自公共空间里的艺术创作受到重视开始，各种不同的艺术形式便在公共空间里呈现出百花齐放的创作趋势。随着时代的发展，公共空间中的艺术创作从重视审美和精神感受，逐渐地过渡到审美和互动参与性并举，于是越来越多的新兴艺术类别相继进入公共空间中进行尝试性的创作。经过不断地发展变化，近些年来公共空间中的艺术创作越来越注重互动性和参与性的需求，也引入了很多新的媒体影像技术。而装置艺术以其开放性、综合性和互动性，能很好地满足时下的这些需求，因而公共空间中的艺术创作作品也呈现出装置化的艺术倾向。

3

引用：景观构筑的当代化表达途径

在近代，景观设计师们综合考虑景观设计的方方面面，打造整体协调、风貌一致的新空间环境，以追求视觉上的协调和使用上的便捷。但也存在潜在的风险，可能会使得对比鲜明的特色消失和偶发事件无法产生。而空间里的艺术创作作品恰恰可以展现鲜明的艺术特色效果，还能引发民众的参与，从而使得偶发事件得以发生，成为景观整体规划的有益补充。时下随着社会的发展，景观都市主义理论渐渐成为当今城市建设的主导理论，其强调景观是所有人文过程和自然过程的载体，所以城市公共空间中的艺术创作也被纳入景观所涵盖的范畴之列，渐渐地和景观也有了更多的交集。景观构筑物充分吸取了装置艺术等当代艺术的表达手段，推动了景观装置的产生和发展。

图片素材

3.1 空间中装置艺术的景观效应

20世纪中期以来，景观设计师们越来越多地关注环境和生态问题，导致景观艺术性的探索处于弱势的状态。而装置艺术在室外公共空间不断发展后，为景观的艺术性层面发展提供了参考。装置艺术自诞生以来，便以其新奇的视觉效果和可参与的特性呈现在特定的环境中，而装置艺术进入城市公共空间中后，以其可变化的感官效果和引发的活动参与，带来了别样的景观效应。

就装置艺术本身发展而言，从室内空间创作开始逐渐发展到更多地在室外空间进行创作，其经历了一个漫长的过程。在这个过程中，装置艺术也发展为公共空间中的"场地＋材料＋形式＋情感"的多维感官融合综合性展示艺术。

这为注重生态自然的当代景观注入了更多人文性的内容，而部分景观设计师受到装置艺术的启发，在景观中强调艺术化内容的体现。另外，装置艺术吸收同时期其他艺术门类的手法，呈现出临时性、可变性和互动性的特点，这为一成不变的景观带来了鲜活的变化，使得景观的总体参与性得以提高，进而提高了城市公共空间的活力。因此，空间中的装置艺术创作体现出的景观效应可以归纳为景观的艺术效应、变化效应和互动效应。

艺术效应主要体现为多维的感官效应，艺术化的视觉、听觉和嗅觉方面的体验等都属于这一类别效应。装置艺术不仅简单提供了供外部观赏和体验的静态艺术效果，而且还可以提供可变的动态感官效果和可以进入参与的感官体验，极大地丰富了在场的景观艺术效果。另外，装置艺术也会承载人文情感的艺术内容，引发一定的文化认同和共鸣，增加城市景观的人文艺术效果。

变化效应体现在两个方面：一是装置艺术自身存在着变化的感官效果，

呈现出不断变化的状态；二是装置艺术具有一定的临时性，在同一场地空间可以在不同时间放置不同的装置艺术作品。早期的装置艺术作品存在着在外力作用下可以改变形态的创作，而自引入影像多媒体技术后，部分装置艺术作品存在着无时无刻不在变化的感官效果，行人驻足的行为参与也会引发装置感官效果的变化。可以说，可变性已经成为装置艺术作品的常用属性，以此来引发更多的关注与互动。装置艺术作品的临时性源于艺术作品展览的时效性。早期在展览空间中的装置艺术作品只是阶段性地呈现，而进入城市公共空间中的装置艺术作品也具有一定的临时性，如为某一主题活动而创作或为某一节日而创作的装置艺术作品等。尽管公共空间中的装置艺术作品创作中也有时效相对较长的作品，但其仍是景观内容中可变性较强的组成部分。一般在较受关注的广场和公园中，经常会出现临时性的装置艺术作品，如2021年在加拿大雷福德花园举办的第22届国际花园节，就展出了5个临时性的装置艺术作品。装置艺术作品的可变性，使得景观内容也呈现出一定的变化性，呈现出一定的动态景观的效果，对增加公共空间的活力具有一定的积极意义。

互动效应可以说是在变化性的基础上又更进了一步，装置艺术作品能对参与进来的行为和操作进行及时的反馈，引发深度的参与，使得参与者的身份在"观众"与"演员"之间来回切换。当代景观设计的内容包含自然景观和人文景观，而人文景观除了人工建造的静态景观内容之外，也包含动态的行为参与。虽然传统的景观设计也会通过景观小品和设施等的设计引发参与，但参与度并不高。而装置艺术作品以其强互动性引发参与者对未知的变化进行深入的探索，从而引发参与性强的行为活动。公共空间中引入互动性较强的装置艺术作品，便能塑造参与性强的景观内容，使得景观更富变化和更具活力。由于装置艺术作品而产生频繁的活动，会增加空间活动热度，提高公共空间的利用率和激发空间使用的潜力。

装置艺术作品进入城市公共空间中，以其自身的特点引发了多样的景观效应，而景观设计师也认识到，引入装置艺术作品可以协助打造艺术化的景观、变化性的景观和更具参与性的景观。而当认识到装置艺术在公共空间中的景观效应之后，更多的景观设计师致力于把创造性的设计和当代视觉艺术的转变结合起来。装置艺术在公共空间中呈现出的潜力被越来越多的设计领域的设计师和学者关注，并进行了不断的尝试和研究，装置无可取代地推动并更新了艺术、建筑、城市与景观之间的联系。

3.2 介入型艺术创作对城市景观的增益

介入型艺术对城市公共空间景观的影响非常大，能很好地在城市公共空间中的主要节点和重要界面进行艺术创作，能为空旷冷漠的城市公共空间添加亮丽的色彩，尤其在将雕塑和绘画等装饰手段从建筑上剥离的现代主义出现以后，艺术介入空间就显得极为重要了。

近现代以来，相对较快的发展速度使得城市中各方面的发展并不均衡，于是在城市规划的总体控制下，总有建筑和景观建设实施未遍及的遗落空间。艺术家往往对城市生活比较敏感，会关注这些被遗忘的空间，于是早期介入公共空间中的艺术创作有较多的自发状态。个别自发的介入型艺术创作激活了原本落寞的城市公共空间，使其充满活力而备受关注，于是介入型艺术创作对于城市公共空间的作用被逐渐认可，公共空间里的公共艺术创作作品也逐渐成为城市景观中不可或缺的一部分，能为城市景观带来较大的增益。介入型艺术创作可以与场地结合、与建筑物结合，还可以与自然景观相结合。

与场地结合的介入型艺术作品会充分利用场地的面积和地形来进行艺术创作，前面提到的作品《南特的新迷宫》和《九个空间，九棵树》都属于这一类别的作品。作品充分利用场地，塑造出可以参与进来并可供探索的空间序列，同时通过反射、半透明等材料的特殊视觉效果引发参与者的猎奇与兴趣。《有许多规定的快乐农场》可以说是很特殊的一个介入型艺术作品了，它以日本传统的园林造景艺术"段段畑"为基础，完成了作者心中的"大型雕塑"（图3-1）。这是一个观念性比较强的作品，映射了一些复杂的社会现状，外观看起来更像是一个花园，是一个典型的景观设计作品。艺术家通过这个作品来探讨空间的公共与私有之间的矛盾性，也指出作品更强调过程和参与，形式上借鉴了传统园林的手法进行营造，具有更强的景观视觉效果。

图3-1 《有许多规定的快乐农场》

　　与建筑物结合的介入型艺术作品一般是结合建筑的界面（主要是外立面）进行艺术创作，包括最初的墙面涂鸦、浮雕、包裹和倚墙而建的立体构筑，还有当代的影像投射等。涂鸦是一种最为常见的艺术创作方式，是一直活跃于公共空间内的艺术创作形式，国内外相继出现了不少以涂鸦艺术为主题特色的艺术村落，如韩国的梨花村和国内厦门市翔安区大嶝山头村等。当代的涂鸦作品依托当代绘画艺术空间性的发展呈现出更多的3D效果。艺术家佩贾克的涂鸦创作极具表现性，他的作品《社交距离》呈现出一种错觉干预（图3-2）。艺术家在平整的水泥墙面上刻画下一条深深的沟壑，走近观看，沟壑由许许多多出逃的小人构成，墙上的创口正象征着疫情留下的创伤，艺术家借此向医务工作者和逝去的人们致敬。浮雕作品在涂鸦的基础上增加了立体性的凸凹变化，增加了触感上的体验。作品《聚合：变化的海洋》在墙壁上

图3-2 《社交距离》涂鸦

重现了珊瑚礁为基础的生态系统局部场景，与传统壁画不同的是这件作品是分许多小个体进行单独的雕塑形态创作，最后安装到墙壁上形成一个大的立体壁画，所以艺术家又称它为装置雕塑（图3-3）。而作品《习惯》呈现出更强的立体性，装置依托旧建筑的墙面构建了一个框架，并虚构了包含家具和饰品的家的生活场景，艺术家称其是没有实体的"家"，是灵魂的栖息之所（图3-4）。上文中提到的案例——被包裹的柏林议会大厦是包裹建筑整个外立面的艺术作品，而全自动足球场交互式投影装置便将影像投射到了建筑的立面上，这些都是与建筑物结合的介入型艺术作品。

与自然景观结合的介入型艺术作品会依托自然存在的物体和自然生长的植

图3-3 《聚合：变化的海洋》

图3-4 《习惯》艺术装置

物来进行创作。艺术家雅克·维埃耶喜欢创作包含自然元素的作品来表达对环境的思考，他的作品《看》以两个由穿孔不锈金属卷起的圆锥筒将两棵生长多年的野生榆树的底部保护起来（图3-5）。两个圆锥筒之间会形成门户的效果，行人可以从其间穿过，阳光透过穿孔板会在地面上投射点状的光斑效果，晚上内部的照明点亮后，也会透过穿孔板呈现出优美的视觉效果。将自然生长的树木纳入艺术作品中来，使得艺术作品的呈现更加鲜活。2022年米兰设计周的新作品《漂浮的森林》在自然水面上构建了一个微型的森林，在整个装置的外部立面使用了较多的镜面材料，能反射水面及其倒影，使得充满绿化的亲水平台好似漂浮在水面上的森林一般（图3-6）。这个艺术装置设置在水面上，并通过镜面材料反射水面而产生漂浮的效果；引入较多自然生长的植物，围绕植物设置一定的围合和构筑来完成整个作品。可以说，在这个作品中自然元素占有很重要的比重，是一个典型的与自然景观结合的介入型艺术作品。

图3-5 《看》艺术装置

介入型艺术通过其灵活性和渗透性为城市景观带来了很大的增益，引发了景观设计界的深入思考，并予以新景观深刻的启示。于是当代新景观艺

图3-6 《漂浮的森林》艺术装置

术家认识到：现代主义、后现代主义的表达，环境艺术、装置艺术的体验，多媒体艺术的空前繁荣，都为新景观创造提供了创新的源泉。

3.3 景观构筑物的装置化倾向

当景观设计界意识到当代景观所包含的景观设计内容更加多元化之后，便主动地在景观设计中引入更多设计内容，也尝试借用其他艺术创作的手段和方法。介入型艺术创作融入景观各个层面的设计，为景观设计整体拓展了更多的设计内容与手段；装置艺术的良好景观效应也使得景观中的一些元素开始有了装置化的倾向，其中景观构筑物最具有装置化的潜质，因而装置化的景观构筑作品逐渐涌现。

3.3.1 作为景观元素的直接引入

关注景观艺术性层面较多的设计师较早地发现装置艺术对景观设计的影响，并开始尝试在自己的景观设计作品中引入装置艺术的作品和创作手法，以景观设计师玛莎·施瓦茨为代表。玛莎·施瓦茨早期的作品中尝试直接以现成品来进行景观设计，后又逐渐引入装置艺术作品作为景观设计的重要元素，有时甚至围绕装置艺术作品进行景观设计。玛莎·施瓦茨的景观设计风格对景观艺术性发展的影响很大，也使得景观设计界正视装置艺术创作对景观的积极意义。时下，景观也被理解为一种设计媒介，使得造园师、艺术家、建筑师及工程师介入城市形态，因而在景观设计项目中会有多个行业的从业者参与景观项目的设计，而艺术家便是参与的主要群体之一，这为公共空间景观引入装置艺术作品奠定了行业基础。同时，装置艺术作品具备通过局部的创作改变城市公共空间整体体验的能力，因而在景观改造中具有重要的作用。城市广场和街道可以通过引入装置艺术作品而带来新的公共空间体验，公园也可以通过定期更换装置艺术作品带来游览的新鲜感。

　　在加拿大的魁北克省，每年都要举办一次国际花园节活动，每一届的花园节都以装置艺术创作为主，公园里的新装置艺术作品引导参观者以全新的方式去审视自然环境和世界。在植物繁茂的花园中引入主题性的装置艺术作品，为公园景观注入了新鲜血液，带来了令人愉悦的观览体验。其中第14届花园节中的装置艺术作品《锥体花园》以通常用作施工隔离的塑料圆锥体为基本组成单元进行创作，是典型的使用现成工业制品来完成的装置艺术作品（图3-7）。层层叠叠的锥体被堆积成小山丘的模样，部分锥体中种植着绿色植物，这些锥体还构成了凸起的发声装置，能根据不同的触碰方式发出不一样的声响，会体验到在森林中央听到的风声和在大海边听到的海浪声。第21届

花园节作品《缠绕》以钢结构和钢丝拉索打造了一个可以进入的螺旋形构造物（图3-8）。在作品的顶部向下悬挂了培育杂交品种的管状容器，而固定容器的绳索采用了古老的缠绕技术，并与构成结构的绳索相互缠绕。参观者可以进入螺旋结构内自由行走，并抬头观看培育幼苗的容器，还可以欣赏风吹动的悬挂管状容器摇曳不止的样子，以及听到它们相互碰撞发出的声音。第23届花园节作品《重力场》打造了一个可以进入的矩形钢结构廊架，在廊架顶部悬挂了球形的种植器，

图3-7 《锥体花园》

图3-8 《缠绕》

图3-9 《重力场》

种植器将向日葵幼苗倒立放置，但当它们向着太阳生长时，会变得弯曲而无视重力的存在（图3-9）。《重力场》展示了植物在极端环境下的强大适应能力，观众可以重复参观这个装置，体验植物的向光性、向地性和向阳性。

在加拿大魁北克的国际花园节活动中，有越来越多的艺术家和设计师参与装置艺术作品的创作，而群体组成的多元化也使得装置艺术作品呈现出更多丰富性。作品《缠绕》和《重力场》都构建了可以进入的实体结构，而作品《锥体花园》塑造了起伏变化的"地形"，引入景观环境中的装置艺术在景观和建筑师的共同参与下也变得具有更强的构筑感和营造感。

3.3.2　景观构筑物的多功能复合的需要

随着社会的发展，对个体物品的功能要求越来越高，并希望其具有一定的复合性，能满足更多的使用要求。起初是简单的复合要求，例如景观构筑物为了满足夜晚的使用要求需要附加照明的功能；而后希望照明的能量供应可以自给，于是会考虑附着太阳能发电或者风力发电装备；而当智能化设备广泛使用以后，又希望景观构筑物能更加智能化，比如能提供音乐播放、气候监控和健康监测等功能，甚至能够感应周围的变化而进行自身形态的改变。当景观构筑物复合了更多的功能，有了更强的变化性和互动性，就使得景观构筑物逐渐有了装置作品的味道。

在21世纪初，复合性景观构筑物和设施被广泛探索着，国内2006年举办的"五合公共汽车停靠站设计竞赛"中出现了很多优秀的探索性方案。其中设计方案《城市结晶》和《城市电容》等都提出了功能复合性较强的设计尝试，候车亭的构筑也都采用了以不同组成单元为基本单位进行装置装配的方式，具有很强的装置感。作品《城市电容》提出电能自养型公交停车站，通过太阳能和车辆通过的电磁感应进行发电，用以满足车站复合的收听音乐、充电和上网等小耗电量功能的用电。作品《城市结晶》同样以太阳能发电作为车站供电的来源，但其以模块组的形式进行选择装配，每一个模块满足不同的功能使用要求，复合不同的设备，以满足充电、电子售货、电子查询等不同使用需求。在不停地探索之后，一些好的创意被应用到实际构筑物的建设中来。

位于瑞典的《存在之站》（*Station of Being*）智能公交站便是一个智能化复合性的新型公交站点，其是一个由四根柱子支撑的混凝土构筑物（图3-10）。车站被设计成一个融合了灯光和声音的"智能屋顶"，智慧化的设计手段使得识别车辆的主体不再是乘客，而是构筑物本身。公交站点复合的智慧化设施会根据每条公交线路不同的地域性特征，呈现出不同的到站声音和不同颜色的光影变化。车站还配置了多个形似豆荚的木制吊舱，乘客可以舒适地倚靠在其中。异型曲面的吊舱可以自由地旋转，乘客可以通过转动吊舱抵御来自不同方向的风雪。可旋转的吊舱还可以满足社交的个性化要求，既可

图3-10 《存在之站》智能公交站1

图3-11 《存在之站》智能公交站2

图3-12 卡尔加里9Block顶棚装置

以旋转吊舱和他人面对面交谈，也可以背对人群个人独处（图3-11）。另外一个优势是这些吊舱完全不需要消耗任何能源，便可以提供足够的舒适和温暖。车站既是混凝土搭建的景观构筑物，又有着极强的装置特性；既有智能化识别的友善提醒，又可以操控吊舱满足使用上的需求。位于加拿大卡尔加里市的作品——卡尔加里9Block顶棚装置外观看起来是一个廊架式的景观构筑物，木质的廊架顶中穿插布置了9个3D打印而成的LED灯组，行人自灯组下方走过时会引发灯组的光影变化，与行人产生良好的互动（图3-12）。

由以上两个实际案例可以看出，复合了一定的功能以后，景观构筑物的互动性增强，同时也呈现出由静态构筑向动态装置转变的发展趋势。另外，在新媒体时代，新媒体的扩张无处不在，其极强的信息流动性重构了城市景观格局。新媒体复合到建筑的立面，以不断变化的信息传递创造了流动式的空间体验；新媒体以景观构筑物为呈现终端，或是景观构筑物引入新媒体技术，都会使得景观构筑物呈现出装置般的构成和实时变化的形态，甚至能提供交互性的使用体验，从新的信息技术使用的层面推动景观构筑物的装置化转变。

随着社会的不断发展和新技术的不断应用，以及公共建设层面的智能化程度的提高，景观构筑物会越来越多地复合一些可供使用的新功能或者可以与参与者产生互动的新设备，这些都会使得景观构筑物的动态使用性增强，从而具备装置化的倾向。

3.3.3　有意识的装置化转变

在景观设计中引入装置艺术作品让景观的艺术性和互动性增强，而增强复合性的景观构筑物也会提高景观构筑物的使用率和动态参与频率，于是景观设计领域开始有意识地进行景观构筑物的装置化转变。首先，在近现代景观设计中景观构筑物的种类和数量都有了较大的提高，形式也发生了较大的变化。法国拉·维莱特公园是近现代公园景观设计的经典之作，在这个经典案例中充分展现了点、线、面三个系统的叠合，营造了体验丰富的公园景观总体。而作为最具标识性的点系统由多个红色的景观构筑物构成，以网格状散落在公园的空间之中（图3-13）。这些红色的点状景观构筑物有的具有实际

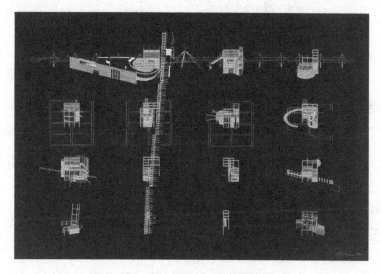

图3-13　拉·维莱特公园装置分析图

功能，有的作为一种标识性构筑，形成了兼具实用性和艺术性的点系统整体。同时，这些景观构筑物有别于传统景观构筑物亭、台、楼、阁、廊、桥等，呈现出一定的创新性和融合性，为景观构筑物的装置化发展提供了先导的基础。景观构筑物的装置化主要体现在三个方面，即艺术化的表达、现成品的使用和互动性策略的引入。

景观构筑物装置艺术化表达往往会使用当代装配式技术，来完成艺术化或者是雕塑般的构筑形体，使得景观构筑物呈现出更加现代、更加优美的视觉形态。美国达拉斯市的威斯特摩兰公园内的凉亭以"云层"作为其基本的荫蔽形式，整个凉亭的顶部呈现出起伏的云层状。凉亭是由预制生产的结构和紧固件在现场装配而成，不需要在场地上进行焊接，简化了建造流程。凉亭的"云层"顶由多片外形渐变的垂直悬挂钢板组成，白色的薄片钢板看上去轻盈飘逸，有一种飘浮在空中的既视感（图3-14）。光线通过钢片遮板照射到地面，还会形成斑驳的光影效果，并随着时间的变化而慢慢移动。位于美国北卡罗来纳州夏洛特市的《梦之柱》展亭，是由超薄铝制结构表皮围合并支撑起来的景观亭（图3-15）。展亭拥有双层表皮，并在底部设置了多个开口，整个形体从顶部往下分化收缩为九个空心的柱子。展亭的白色外表皮掩盖了其内部丰富的颜色变

图3-14　威斯特摩兰公园的凉亭

图3-15　《梦之柱》展亭

化，而内部的蓝色从外表皮上的开口处隐约可见。来往的行人会被其优美的造型吸引而来，并靠近展亭装置进行更为亲密的接触，进而进入柱子表皮包裹的空间中，被空间内部的丰富色彩所包围。阳光照射在展亭上，在装置内部形成迷幻的光影效果，并在外部地面上投射出交错的光影，以形成不同的休闲活动空间。人们可以围绕装置的周边悠闲地散步，也可以借助错列的支撑柱进行一场捉迷藏游戏，或者坐在天棚下安然地享受片刻的宁静时光。《风之亭》展亭是苏州国际设计周最主要的一个公共活动空间场所，其设计灵感来自江南民居聚落中连绵起伏的屋顶（图3-16）。将传统民居中的屋顶解构为多个平面几何式面板，并在空中的不同高度上重新组合，使之形成一个由一

组飘浮的屋顶所限定的空间。在这个自由空间里，场地庭院景观也自然地参与进来。除主体结构之外，展亭的设计中还大量使用了轻质材料以呼应其临时性和互动性特征。展亭中采用了彩色塑料帘作为立面悬挂，不但可以加强空间围合感，也通过这种彩色透明材料传达了本次设计周活动的生活化主旨及其平等、活力的核心价值观。除此之外，展亭入口和互动区还使用了桃红色的弹力线帘，一方面呼应了本次设计周的主视觉色系，另一方面也给大人和孩子提供了可以玩耍、互动的趣味场所（图3-17）。艺术化

图3-16 《风之亭》展亭1

图3-17 《风之亭》展亭2

表达的案例使用了现代化的装配构筑技术手段，组合构筑出优美的雕塑般的构筑物形体，使之呈现出艺术化的视觉效果，同时还提供了一定的探索性活动空间。艺术化的表达逐渐地成为当代景观构筑物设计的基本要求，并在此基础上进一步探索更多的综合性表达和创新性构想。

　　使用现成品来完成景观构筑物会给使用者带来观念上的联想，使用熟悉的日常物品进行构筑会让使用者关联物品的原功能，或者对使用的日常物品的属性产生新的理解；而使用传统工艺完成的现成品来进行构筑，则会将传统的工艺与现在的技术相结合，完成传统工艺在当代传承的探索。加拿大的《一桶一次》临时展馆是设计师使用装饰用油漆桶搭建完成的互动式的艺术节展馆（图3-18）。通过绳子将油漆桶拉结固定在一起，形成弧形弯曲的表面，如同海浪一般变换着姿态翻卷而来，行人可以在此踩踏、跳跃、奔跑、闲坐、休憩或从事各种公共活动。使用最常见的日常物品油漆桶进行景观构筑物的构建，让使用者通过活动对油漆桶的韧性与抗压度有了新的认识。使用各种日常可见的工业制品来进行搭建和建造，逐渐出现在建筑和景观构筑物等项目中，这种原本属于装置艺术的常用手段和方法，也渐渐地探索新的着力点。位于法国安纳西的《生命凉亭》采用了塑料牛奶箱作为种植植物的容器，设计师让麦冬类植物直立地种植在牛奶箱中，然后倒置箱子，以简单的结构框架将其进行固定。模仿安纳西历史建筑的坡屋顶设计出凉亭的外形，在旧城区的硬质景观环境下，通过内部的植物塑造出令人惊喜的悬浮花园，凉亭可以遮阴并通过悬挂的植物蒸发水分，塑造内部舒适凉爽

图3-18 《一桶一次》装置

的环境（图3-19）。使用日常物品完成的倾斜立方体和倒置的"草坪"吸引着人们进入凉亭，在人造环境中唤起对自然观的重新思考。由塑料牛奶箱构建的生长植物的凉亭，颠覆了人们对这日常不起眼的廉价包装品的认知。同一地区的另一个景观构筑物作品《柳条亭》采用木制网壳结构，以约260个拉脱维亚工匠编织的传统柳条筐，制成空心圆锥体，在拱形结构上进行组装，搭建出开放的拱形凉亭，行人可以步入其中感受变化丰富的光影效果（图3-20）。时下，使用

图3-19 《生命凉亭》

图3-20 《柳条亭》

现成品来完成的景观构筑物逐渐增多，既有使用油漆桶完成的活动设施，还有传统柳条筐组构的景观亭，以及以绿植盆栽架构的多种景观构筑物等。现成品在景观构筑物中的使用进一步推动了构筑物的装置化发展，使得景观构筑物具有更好的亲和性和参与性。

引入互动性策略可以是参与式、游戏式的互动，也可以是有反馈的交互式互动。随着科学技术的不断发展，交互设计理念运用到景观设计中，成为景观设计发展的新方向，带来了更多的人景互动。通过设计具有互动性的景观构筑物，能更多地触发自发性活动的发生。位于我国宁波市的"奔流的熔岩"项目是一个装置化的景观构筑物的群体，设计师围绕"奔流的熔岩"

为主题进行叙事化的设计（图3-21）。通向二楼的台阶被设计成了一座可容纳多种公共活动的"火山"，在其周围不同高度区设计了几个高低错落的露天剧场，提供了休闲与休憩的平台；设计了模仿剧烈的火山喷发过程的遮阴结构，为新的休息区提供了遮阴功能；甚至还设计了模拟火山喷发时熔岩流下山坡情景的滑梯。景观装置群还配备了秋千凉棚、跷跷板、滑梯、山丘和坡道、隧道、沙袋和赛道沿线的挑战性障碍物等项目，能极大地引发多种游戏参与的互动。这种引发游戏互动的装置化倾向较为明显的景观构筑物，越来越多地出现在城市公共空间中，为城市空间的品质提升提供了积极的应对策略。大理洱海生态廊道"自然科普乐园"项目中，景观设计师、装置艺术家、雕塑家、产品设计师、科普专家、生态修复专家、机械专家等一起参与进来，打造一座与周边环境融合的无动力探索基地，并完成了多个装置化效果明显的景观构筑物的设计（图3-22）。其中"苍山云"数控雨廊顶部看上去像一朵

图3-21 "奔流的熔岩"景观装置群

随风飘荡的云朵，步入其中可以引发一系列的互动。许多小构件充满着童趣的气息，各种样式不同的跳泉和多个控制水闸，可以让孩子们在尽情的玩耍嬉戏中去体验水的多种变化。装置化的互动策略除了使用在亭、廊等独立的景观构筑物上之外，也渐渐地出现在景观墙体和景观路径中。《玻璃瓦地图》是伦敦举办的一个设计节完成的一组具有指示作用的装置化景观墙体，由8000余块手工玻璃瓦片如同鳞片般重重叠叠排列而成（图3-23）。微微旋转的瓦片极富动感和纵深感，中部弯折的空隙则指示着展区的路径。《机械花园》是在上海当代艺术馆中展出的一个互动性极强的装置作品，其以互动性景墙的方式呈现并提供令人惊叹的互动效果

图3-22 "苍山云"数控雨廊

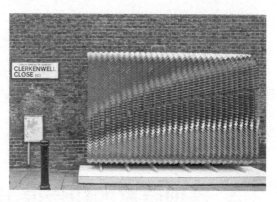

图3-23 《玻璃瓦地图》

（图3-24）。作品通过Arduino数字媒体技术模拟了"机械花园"与人的交互，当有人从景墙前经过时，"花园"以图案、波纹等呈现出花朵盛放的效果。荷兰罗斯加德工作室的作品《梵高小路》是在一条自行车道上完成的，它在白

天充电，晚上发亮，在小路上呈现出星空一样的效果。道路所在的位置连接
了梵高在1883年至1885年期间于荷兰纽南和埃因霍温居住时的地址，小路呈
现的星空视觉效果会令人想起梵高的著名艺术作品《星空》，会使行人驻足欣
赏并引发艺术的联想。

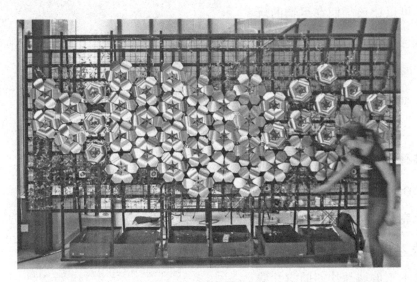

图3-24 《机械花园》

景观构筑物有意识的装置化倾向为景观的艺术化和互动性带来了极大的
增益，使得景观整体的动态化内容增多，景观内容也逐渐体现出一定的鲜活
性。同时，社会进步、技术发展和城市智慧化的推进，也使得景观构筑物的
装置化倾向成了必然的发展趋势。

3.4 景观装置的初步提出与设计探索

装置艺术的空间语境扩张、介入型艺术的景观化效应和景观构筑物的装
置化倾向，使得装置乃至公共艺术与景观的关联愈发地紧密起来。至此，景
观装置这一术语渐渐地浮出水面，旨在从景观整体的角度去看待公共空间中

的艺术创作与景观元素设计。同时，景观装置也是社会发展和技术进步的产物，它是一个能更综合地容纳工程、艺术和科技的载体。随着景观装置这一术语的提出，景观设计领域便开始了更为广泛意义上的设计探索。从最初的亭、廊和地标性景观构筑物开始，逐步蔓延到景墙、园路、水景、景观照明乃至景观设施的设计等，并且景观装置的规模也在逐渐变大。

从艺术层面，景观装置的造型越来越优美，呈现出更多拟态感的自然形体意向；从功能层面，景观装置的功能复合性大大提高，除了满足基本活动需要外还会考虑更多参与性的活动；从技术层面，景观装置的工艺更加精美，同时能综合运用科技化和智慧化的手段进行融合性的设计。

追求艺术层面的当代表达，使得景观构筑形态优美新奇，以当代的材料和审美去创造创新性的构筑形态。位于哈萨克斯坦的《最大值/最小值》装置是一个类似亭子的景观装置，形态呈现出海洋生物的形态联想（图3-25）。装置外表皮为6毫米超薄铝板，呈现出极为轻薄的视觉体验。装置结构上附着卷曲的外表皮，柔软轻盈得犹如从地面上浮起一般，产生一种视觉上的过渡之感。从褶皱的装置基底到平滑连续的双曲线表面，最终实现了其庞大又柔美的装置外貌。整个景观装置多孔多窍，可以从不同空隙观看外部的景观，富于探索性。

国内的张唐景观设计事务所在他们的景观设计作品中，十分

图3-25 《最大值/最小值》装置

重视艺术化景观装置的设计。在"阿那亚农庄"景观项目中，设计了"鱼骨亭"和"攀爬海螺"等形态优美的景观装置。"鱼骨亭"以钢管交错成编织状，并辅以帆状镂空金属片，形成顶部的半遮护覆盖，传达鱼骨的架构意向（图3-26）。帆状金属片上面的镂空孔呈小鱼状，会在地面上形成鱼状的光斑，亭子内部还设计了互动性的水景。"攀爬海螺"以金属格架构筑出蜗卷海螺状，控制格架的格子大小，方便进行攀爬式的活动与探索（图3-27）。在张唐景观设计事务所的"大鱼公园"项目中还设计了许多鱼形主题景观装置，有鱼形景观长廊和鱼形景观柱阵，景墙上还有用汽车轮胎构成的鱼形浮雕图案，突出了公园的主题特色。

图3-26 "鱼骨亭"装置

景观装置《油漆滴》位于上海市大宁国际商业广场的公共空间中，整个装置形如一条溅满彩色油漆的隧道（图3-28）。装置由8个反垂曲线形拱体组成的系统，这些拱形结构沿着设计好的路径相互连接，看上去就像是从高空滴落的油漆。拱形结构与地面连接的地方会形成一个巨大的滴

图3-27 "攀爬海螺"装置

溅色块，设计师将座椅和休息区设置在这里，从而为装置赋予了功能性。七彩隧道的8个拱形结构还配备了交互式的照明系统，运动传感器被放置在拱体的基座部分，当有人经过时，将激活拱形结构内侧的LED灯带从而发出光亮。这座彩色的乐园成为露天商业街内最受欢迎的空间，不仅使大人和孩子们有了聚集游玩的空间，也使得商业街的人流量得到了增长。

功能层面上景观装置具有越来越强的复合性，公共景观构筑

图3-28 《油漆滴》景观装置

物能满足更多类型的活动的需要是当下设计的趋势。景观都市主义提出，并置就是将不同的事物或功能区并列地安排在一起，以便产生对比和碰撞的效果，其目的是产生新的混合的活动、新的空间特征。这一策略在微观层面也影响到了景观装置的设计，于是出现了许多功能复合、空间多样的景观装置。位于西班牙马德里的《书园凉亭》，是一个于凉亭之下融合了藏书木架、座椅和秋千的景观装置（图3-29）。凉亭由坚固耐用的金属结构组成，其平面布局呼应了邻居之间在花园中相聚的形式。向心的五边形顶棚，加上两个附属的屋檐，其中一个向上倾斜，悬挂标牌邀请着人们进入；另一个屋檐向下倾斜，几株细嫩的茉莉藤攀附其上，为阶梯式的座椅带来一丝绿意。凉亭的另外两边还设置了秋千椅，邀请附近的居民在阴凉的空间里停留和娱乐。《书园凉亭》兼具遮阴、闲坐、读书、游戏等功能，能引发更多类型的活动和交流。

图3-29 《书园凉亭》

图3-30 《郁金香——餐桌之上》

位于加拿大蒙特利尔的《郁金香——餐桌之上》是呈带状蜿蜒的景观装置作品，装置的主体是一条长100米的"城市公共餐桌"（图3-30）。流线型的餐桌于地面上升起，穿过整个公园的中心，并巧妙地避开了现有的休闲设施与树木，与场地融为一体。茂密的树冠下，餐桌起伏有序，形成一系列连续且极具戏剧性的场景，为游客营造出丰富多彩的活动氛围。景观装置在长长的带状金属面板中，设置了高低不同的桌面，还有斜面滑梯和标识柱等设施，提供了闲坐、就餐、游戏和导引等功能。

位于江苏镇江江心岛旅游区的《堂》是一个廊亭一体的景观装置，其设计目的是想使其成为能够为村民和游客提供休息场所的社交发生器（图3-31）。景观装置的中间是可以穿过的廊道，配

图3-31 《堂》景观装置

有休息座椅，两侧则划分为不同大小的亭或廊式的空间，并开启了多个高低不同的洞口，让射进来的光打造艺术化的空间效果。装置设置了五个入口，行人可以从不同的入口进入，选择不同的路线进行游览，然后选择在不同的空间驻足体验空间并进行相应的活动。在这些多变的空间中，提供了多样的功能，可以满足遮护、休息、景框观景、冥想和交流等活动的发生。

技术层面的进步对景观装置的影响是多方面的，既可以塑造更优美的形态，也能复合更多样的功能，但更直接的层面还是工艺精细化的提升和科技化、智能化内容的融入。随着3D打印技术的逐步成熟和广泛运用，以3D打印技术完成的景观装置逐渐在城市中呈现。位于美国迈阿密的《废料与喷气机》景观装置就是由3D打印技术完成的一个大型的景观装置作品（图3-32）。在广场景观整体模仿海滩意象的影响下，景观装置呈现出水藻和水母等海洋生物的几何形状，与整体海滩主题定位相协调。该项目的长凳和混合杆结构的中心，使用了当地最近开发的一种实验材料：一种可持续收获和完全可生物降解的竹子打印介质（图3-33）。项目于2016年建成时，被认为是当时规模最大的3D打印构筑物之一。

图3-32 《废料与喷气机》景观装置1

图3-33 《废料与喷气机》景观装置2

2017年位于上海滴水湖畔的《落云亭》，是同济大学协同"创盟国际&一造科技"，首次运用MP材料实现的整体3D打印的结构性能化展亭（图3-34）。它采用大尺度空间打印的方式进行建造，将形体抽象为空间网格，再进行网格打印建造。"云亭"的设计，运用基于结构性能化分析的拓扑优化算法，通过结构性能化技术生成建筑形式，然后将应力分布转变为网格系统，从而得到变密度的网格形式。亭子的几何原型选定为长11米、宽11米、高约6米的复杂曲面，加工时长为500小时，两套机器人装备耗时共计21天。基于数字设计与机器人建造技术的支持，"云亭"展现了结构性能化分析技术与建筑形式美学的充分融合。交互技术也开始逐渐出现在景观装置设计中，使用交互技术的景观设计作品具有更强的互动性。

《丝带》临时景观装置出现在纽约州长岛市的街道和广场等公共空间中，可供行人坐下休息和转动条形方柱单元，鼓励人们以新的方式与该装置和周围空间互动（图3-35）。该装置伸出基座，允许使用者通过旋转连接到主结构上的每个单元，来实际参与和操纵这些部件。当人们开始转动这些部件时，他们不仅改变了装置本身，而且也通过装置对环境的反射和折射能力影响了周围区域。这些装置单元不仅提供

图3-34 《落云亭》

图3-35 《丝带》景观装置

了经过过滤的空间透视，还包含社区成员写给长岛市的爱心留言。这些留言是社区成员通过地面上的二维码提交的，会随着时间推移被添加进作品中。《丝带》装置通过引入交互技术，实现了行人参与的现实社区和数字虚拟社区两个层面的互动。另外，当代技术为大型景观装置的实现提供了强有力的建设基础。

由张唐景观设计事务所完成的大型景观装置《等下一个十分钟》位于北京五道口宇宙中心的一个商业中心前广场，装置整体上是一个复合一些景观元素的转盘喷泉（图3-36）。简单的一排旱喷、一排树和几排座凳，尽头的一组喷泉和树在转盘里，可以转动。转动时间有50分钟，当转盘里的这组喷泉和树木回到原来的位置时，泉水开始涌动（图3-37）。喷水持续10分钟，然后继续下一个50分钟的转动，然后等待下一个10分钟。时间的度量结合在空间设计上，产生仪式化的效果。这是一个整体性的景观综合体，也是一个动态的景观装置，是在时下工程技术和施工工艺较高的基础上完成的优秀作品。

图3-36 《等下一个十分钟》景观装置1

图3-37 《等下一个十分钟》景观装置2

　　景观装置的设计者是来自各个不同专业的艺术家和设计师等，因而也有着不同层面的追求。但景观装置有着广泛的包容性，不仅可以包容不同类型的作品，还一直跟随时代发展的步伐，强调各方不断地融合。时下科学、艺术和技术在不断地融合，而科学、艺术和技术必须反思它们与现场设计之间相互作用的综合结果。所以，当景观装置更多地考虑与场景融合时，其设计的规模也在不断地增大。

　　随着景观都市主义的提出与发展，景观设计之于城市的意义进一步提高，涵盖的内容也更加宽泛。在此时提出景观装置的概念，旨在给公共空间里与装置相关的艺术作品和引用装置手段创作的景观构筑物及设施等一个综合的称谓，并能从景观整体的角度认知其与城市空间的关系。景观装置的这种包容性，使得建筑、公共设施乃至媒体终端的某些创作都渐渐地融入进来。

4

途径：建筑中装配式手段的运用

首先，从装置艺术的视角来看，装置艺术自诞生初始就和建筑有着千丝万缕的关系。曾有国外学者把装置艺术的起源追溯到19世纪末一个法国邮递员为自己建造的"理想宫殿"——一个用水泥、石头和贝壳建造了二十几年的房子，指出其创造特定的环境意在宣示自己的生活观念。其次，从建筑设计的角度来看，虽说建筑也是一门艺术，但建筑是有技术门槛和标准的，不像纯艺术那样可以天马行空和随心所欲。但在某些方面，建筑设计也从艺术中吸取了很多的营养。在古代，建筑、绘画和雕塑常常出现三位一体的状态；在近现代，绘画和雕塑率先进行风格和手法变革，建筑紧随其后；而在当代的艺术门类中，无疑是装置艺术对建筑的影响更大。当代建筑开始使用成品材料甚至生活物品进行构筑，一些建筑展也以装置的方式呈现。起源于建筑的装配式技术手段既为使用成品构筑的建筑提供便利，也为一些装置艺术作品提供了构筑的现代化手段。

图片素材

4.1 装配式建筑与装配式技术

随着建筑工业化的进一步发展和深入，装配式建筑在新的技术条件的支持下得到了重视和快速发展。"装配式建筑"在《装配式建筑评价标准》（GB/T 51129—2017）中定义为"由预制部品部件在工地装配而成的建筑"，可以简单理解为由在工厂生产好的预制构件现场进行组装的建筑。工业化生产盛行之后，便开始了关于建筑工业化的探索，但其发展较制造业的高速前进而言，还存在着较大的差距。直至20世纪90年代，"精益建造"概念的提出使得建筑工业化再次得到全面的重视，进入了新一轮提速发展时期。在国内经过初步探索期之后，2015年开始相继密集出台多个政策性文件，推动装配式建筑全面地进入提速发展时期。装配式建筑的发展带来工程上装配式技术水平的进一步提高，也为建筑、景观构筑物乃至装置艺术作品提供了现代化的技术支持。

装配式建筑的不断发展带来了装配式技术的不断成熟，时下的装配式技术具有标准化、模块化、临时性、易组装、环保、可持续的优势。装配式技术具备的特性与装置艺术作品的创作具有高度的匹配性，装置艺术本身也是在工业社会背景下发展起来的，自产生之初就不拒绝工业化的技术手段。标准化、模块化是工业化产品的基本特征，而装置艺术常用工业化产品来进行艺术创作；临时性是装置艺术作品的基本特性，大多数装置艺术作品都是展览期间存在或者在城市空间中短时间存在的；易组装是大部分装置艺术作品的基本要求，大部分装置艺术作品都是短时、快捷完成的，不追求永久和坚固；环保和可持续是部分装置艺术作品要表达的创作观念，通过艺术创作唤醒环保和可持续发展的意识。

装配式技术的发展，丰富了装置艺术的技术手段，同时建筑也从装置艺术的创作中吸取了艺术化的营养，结合装配式技术创造出许多艺术效果突出的装配式建筑。装置艺术一直不拘泥于门类之争，自由地综合使用任何能够使用的手段，而且能适时地顺应时代变化，及时地引入新的技术和媒介手段。先进的装配式技术自然也是装置艺术及时关注和适时引入的创作手段之一，并且随着创作作品规模的不断扩大，装配式技术在装置艺术作品的创作中有了更多的用武之地。由装配式建筑建造发展而来的装配式技术，因强调预制构件的标准化和通用性，会导致建筑形态呈现的个性化缺失。而装置艺术创作作为新的艺术创作形式，兼具开放性和综合性的特征，不受传统建筑创作思维的影响，同时也不会为空间实用性和结构经济性等因素所约束，会给予当代装配式建筑艺术化个性塑造以新的启示，尤其是对建筑的外部形态的塑造影响更大一些。

随着装配式建筑进入"精益建造"阶段以及BIM技术的引入，装配式技术为符合当代审美要求的复杂形体的塑造提供有力的技术支持。BIM技术指的是建筑信息模型技术，其核心是通过建立虚拟的建筑工程三维模型，然后再利用数字化技术为虚拟模型提供完整且与实际情况一致的建筑工程信息库。BIM技术通过数字化手段建立3D模型，然后对组构模型的构件进行编号，再由工厂生产不同编号的建筑组成构件，最后运送至建设现场进行组装。BIM技术的出现，大大提高了装配式建筑的建设精度，而BIM技术配合参数化设计则为诸如流线型形体等复杂和特异形体的建造，提供了强有力的技术支持和建设保障。因而，进入21世纪，复杂和特异形体的建筑数量逐渐增多，建设精度也有了极大的提升。作为紧跟时代潮流的装置艺术以其敏锐的洞察力，很快发现装配式技术的形体塑造能力的优势，积极地尝试以参数化方法进行艺术创作，并依靠先进的装配式技术来完成装置艺术作品的部件制作和现场安装。随之景观装置方面便开始较多地使用装配式技术，并完成各式各样的景观装置作品。位于得克萨斯理工大学拉伯克校区的《和风凉亭》，便是经过参数化精密计算和使用装配式技术完成的景观装置（图4-1）。四个结构柱由下而上伸展并连接在一起，形成的拱形门洞以及柱子中间的圆洞如同画框一般，将周围的建筑和天空框入其中。顶棚下的多条流线型走廊与装置本身的流线型体量相呼应。设计团队利用参数化的技术，将不同形状的四边形沿对角线的方向细分，围合成了平滑的流动轨迹。

图4-1 《和风凉亭》

因此，建筑、装置和景观构筑物在技术层面实现了通用性，从而产生了更多的联系和交集，相互影响和融合的案例也逐渐增多。而建筑和景观装置都是从属于景观整体的一个部分，在相互影响和相互借鉴下同时向前发展，甚至部分景观性强、功能性弱的建筑也逐渐地更接近景观装置的类别，也成为景观装置总体涵盖的一个分支。

4.2 现成品观念引入的装配式建筑形态

基于工业化条件下产生的装配式建筑，早期主要以混凝土预制装配为主，因而装配式构建仅仅是生产结构性和维护性基本构件为主。而随着科学技术的发展，又出现了钢结构和现代木结构等新的结构体系的装配式建筑，大大提高了装配式建筑的适用范围，也进一步丰富了装配式建筑的外部形态类型。轻型结构带来了更多的构建自由度和更好的构件衔接性，为塑造艺术化的建筑外部造型提供了有力的技术支撑。尤其是具有地标性的公共建筑，外形需要更有辨识度一些，因而结构复杂的非线性表皮出现的频率比较高，其需要的单元模块的复杂化程度也相对较高些。而轻型结构因其自身的自重低、尺寸小，可以较为便利地制作结构框架，以适应复杂的外部单元模块的附着或悬挂。而这种技术优势也为现成品引入建筑形态塑造提供了技术上的有力支持，于是装置艺术的使用现成品的创作手法也被尝试引入建筑中来。

当代建筑常常采用双层表皮的外部构成，一般情况下内层表皮是主要围护层，起到遮护防水、保温隔热等主要围护功效；而外层表皮往往有塑造外部形态之功用，同时也有附带遮阳和吸收太阳能的效用。外层表皮主要为塑造形态之用，不需要考虑遮护防水、保温隔热等主要围护功效，从某种意义上放开了功能对形式的束缚，为外层表皮的艺术化呈现提供了极大的自由度。当外层表皮有了更大自由度时，像装置艺术那样引入现成品进行设计组合便成为一条新的尝试路径。

4.2.1 引入现成品的个体装配式建筑探索

在轻型结构没有广泛使用之前，装配式建筑出现过一个具有成品化组装的装置感的建筑，就是日本建筑师黑川纪章设计的中银舱体大楼。大楼由140个居住舱体组构而成，舱体看上去能引发不少形体联想，像人工鸟箱、空调外挂机、滚筒洗衣机等。这个在当时看来非常具有未来感的建筑，现在看来似乎是建筑呈现出装置化表达的一个早期代表性案例。在早期案例的启发下，以现成品为模块，使用装配式技术进行组装，再加上双层表皮的使用，装置化表达的建筑也逐渐地多了起来。

在捷克布尔诺市的一家家具店，外立面由数百把黑色的座椅作为建筑的外观主体组成构件，设计师把900把椅子固定在外立面的钢结构上，覆盖三个外立面共计550平方米的面积（图4-2）。业主是捷克国内前沿的办公家具、学校家具和金属家具供应商，因而设计团队便提出使用业主的产品来做建筑的外观设计，既塑造了特殊的建筑形象，又起到了广告宣传的效果。建筑使用了双层表皮，外表皮由悬挂的椅子组成，呈现出特殊的韵律效果。

图4-2　家具店外观

名为"生物圈"的房间单元是瑞典拉普兰德地区著名的树屋酒店最新的客房，其外部由许多大小不一的鸟巢构成，总体上呈圆球状（图4-3）。"生物圈"房间单元加强了树屋酒店对可持续发展和自然旅游的关注，建筑整体上采用轻钢结构，外层表皮由方钢管搭建的网格状结构作为支撑悬挂的骨架，350个大小不一的鸟巢按照球形的总体布局固定在网格骨架上。从远处看，建筑像是一团飘浮的木质大鸟巢，极具装置艺术作品的构成特征，同时又传达了保护自然的生态观念。设计师为不同的鸟类配置了不同大小的鸟巢，旅客在房间内可以近距离观看鸟类的活动（图4-4）。

图4-3　"生物圈"树屋酒店房间单元1

图4-4　"生物圈"树屋酒店房间单元2

上面的两个作品都是以现成品为外立面的主要构成模块，以轻型结构装配而成，并呈现出装置化的艺术效果，是个性特色极为鲜明的建筑。

个体装配式建筑在寻找设计解决方案时，从装置艺术中汲取了灵感，使用现成品以并置的方式，并采用装配式的构筑手段进行项目的方案设计，使得最终呈现的建筑形态有着明显的装置化的视觉感受。在商业层面，装配式建筑的装置化呈现会带来新奇的展示效果；而在引入生态层面，装配式建筑的装置化处理，会更好地实现建筑与自然环境的深度融合。

4.2.2 引入装置艺术手段设计装配式建筑的探索

随着装配式建筑的进一步发展，许多建筑师尝试在装配式建筑中引入装置艺术手段来进行建筑的设计。其中英国、德国和日本等国的建筑师在此方面的探索较多，国内也开始有建筑师尝试这种设计手段。

日本建筑师隈研吾近些年来设计并完成了许多轻型结构的装配式建筑，并且这些完成的建筑中有许多装置感较强的建筑类型。隈研吾喜欢使用木材进行构筑，同时在结构上既使用纯木结构，也经常使用轻钢框架和钢拉索辅以木材的混合结构。在隈研吾的建筑中有较强的并置性设计思维，并不拒绝使用一些现成品，他认为建筑就是以物质为媒介，用来连接人与世界的装置。在其设计的草津温泉旅馆中，使用了温泉石装饰建筑立面；在其作品中国美术学院民俗艺术博物馆中，将瓦片固定在交叉的钢拉索结构内形成特殊的立面韵律；在其作品北京前门四合院改造项目中，使用了铝制成品构件完成了雕窗式的铝制幕墙等。隈研吾设计的日本东京晴海公园临时展亭，由CLT板材与钢架相结合，空隙以薄膜封闭，整体上呈螺旋状上升，犹如旋风卷飞的树叶（图4-5）。这个作品既像是建筑，又像是景观构筑物中的亭子，还有装置艺术作品的味道，称其为景观装置似乎更合理一些。

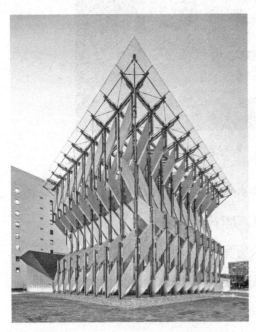

图4-5 日本东京晴海公园临时展亭

而位于日本轻井泽的桦树苔

藓教堂，则是一个装置味道十足的建筑设计作品（图4-6）。建筑师随机竖立起外表包裹着白桦树干的垂直钢结构，让它们仿佛是树林中的一棵棵树木一样支撑着小教堂的玻璃屋顶。室内的长椅由玻璃和亚克力制成，苔藓地面从室外延伸至室内，让教堂消解在白桦林中。白桦树干、玻璃长椅和苔藓并置在一个玻璃围合的空间内，让参观者在自然与人工之间逡巡徘徊，引发对自然与人工之间关系的思考。这个小教堂的设计采用了装置式的并置手法，同时也传递出一种关于自然与人工关系的思考，更像是一个装置作品。另外，隈研吾还尝试直接设计装置艺术作品，并完成了为数不少的作品，在他自己最近的作品展也完成了两个装置艺术作品。这说明建筑师也积极寻求从装置设计中汲取营养，来完成更有艺术感的建筑作品。

图4-6　桦树苔藓教堂

4.2.3　大型展览和博览会上的现成品引入装配式建筑的实验

除了个体建筑的装置化呈现和建筑师群体的个性化探索之外，在许多大型展览和博览会上，也出现了不少从装置艺术中汲取营养的临时性装配式展览建筑。英国著名的蛇形画廊是伦敦最受欢迎的现当代艺术画廊之一。蛇形画廊由两部分组成，一个是有着像蛇头一样形状的展馆"赛克勒"，另外一个是每年都会"更新换貌"的临时展馆，两个当代艺术画廊分布在伦敦市中心的肯辛顿公园和海德公园。自2000年邀请设计师扎哈·哈迪德完成第一座蛇形画廊夏季展亭大获成功之后，以后每年都邀请知名设计师设计一座夏季临时展亭，而大部分展亭作品都呈现出装置化的效果。

2013年由年轻的日本建筑师藤本壮介设计完成了其称为"云"的临时建筑，这是一个由纤细金属管组成的复杂结构，创造了一片云状网架，并辅以半透明板材为游客提供遮蔽（图4-7）。展亭采用的是20毫米成品白色钢管，组合成复杂的格子图案。钢管本身非常坚硬，但组合在一起却呈现出一种云一般的柔软感觉，抑或像白色的森林或其他有机生长的植物。与建筑的完整相比，该展亭更像是不追求完整的装置艺术作品，并呈现出不确定的空间和边界状态。

图4-7 《云》临时展亭

2016年蛇形画廊的临时展亭由BIG建筑设计事务所设计完成，名为"未上拉链的墙"（图4-8）。画廊由模塑玻璃纤维方形成品"空心砖"组成，展亭从顶部的一条直线开始，逐渐叠错形成锯齿状的曲面形。成品模塑玻璃纤

维方形"空心砖"具有很强的
透明性，能展现出光感和韵律
都很优美的视觉感受，同时使
得建筑的内外关系变得更有趣
味性，会增加建筑内外的互动
（图4-9）。晚上当灯光亮起的
时候，照在曲面的墙壁和高耸

图4-8 《未上拉链的墙》临时展亭1

的尖顶上，看起来就像是一座灯塔。这个展亭既采用了成品的模塑玻璃纤维
成品"空心砖"进行并置堆叠，也提供了可供互动的效果，并具有很强的开
放性，像是一个大型的装置作品。

图4-9 《未上拉链的墙》临时展亭2

随着国际交流合作的不断增多，近些年来大型的博览会频频召开，而博
览会上的临时展馆的设计也每每有精彩的呈现，其中不乏一些装置倾向明显
的建筑作品。2010年上海世博会英国馆的"种子圣殿"，这栋看上去毛茸茸
并随风飘动的建筑让人过目不忘（图4-10）。展馆是六层楼高的立方体结构，

周身插满6万多根向外伸展的透明亚克力杆，这些亚克力杆出挑较长并能随风摆动。装有种子的亚克力"触须"全长7.5米，其中三分之二伸在馆外，含有种子的那一部分则在馆内。白天，光线透过透明的亚克力杆照亮"种子圣殿"的内部，晚上它们内含的光源能点亮整个建筑。成品"触须"固定在双层木结构上，并具有光传导的效果；"触须"的室内部分还装有植物的种子，可供参观者观看。这几乎具备了装置艺术作品的全部特征，装置化程度很高。

图4-10　2010年上海世博会英国馆

图4-11　2015年米兰世博会英国馆

2010年上海世博会英国馆的成功展现对后来世博会英国展馆的设计方向有着较大的影响。

2015年米兰世博会英国馆也呈现出较强的装置色彩，是一个充满创意的超级铝制"大蜂巢"（图4-11）。巨大的结构由约17万个独立的铝配件组合而成，装配在32个水平层中，包括三个主要部件弦、杆和节点，按照斐波那契数列组装在一起，形成一个巨大的蜂巢结构。这座独特的展馆可以实现音频声音和视觉效果，都和英国真实的蜂巢联系在一起，当蜜蜂活动增加时，整个展馆的LED灯会点亮，夜晚从外部可以看到蜂巢内部中间圆形部分被点亮。整个展馆采用了先进的装配式技术完成了关联生态的外形，参观者可以在行进中体验源自自然的声音和特殊视觉感受，可以称之为建筑装置作品。

2020年迪拜世博会韩国馆以灯光闪烁的庞大体育场结构呈现在世人的眼前，由1597块自旋立方体组成的动态结构显示了流动主题的抽象图案和重要的文字信息（图4-12）。自旋立方体一面为数字显示屏，另三面是模拟色彩显示屏。自旋立方体立面试图成为数字化装置，使人们在建筑内外都可以体验得到。因而整个建筑也像是一个大型的装置，以动态变化的外形展现在参观者的面前。

图4-12 2020年迪拜世博会韩国馆

在以上三个方面的案例探索中，既有直接使用日常生活中的现成品进行建筑形态设计的，也有使用工业化成品构件进行建筑形态设计的，甚至还有具有动态变化的组件来进行建筑形体塑造的。无论使用了哪种方式来构筑建筑的外部形态，看起来都具有较强的装置艺术作品的既视感，甚至有的还能呈现动态的变化、触发多种感官效应和引发参与互动等。当这些建筑呈现出更好的视觉感受和使用效果之后，建筑设计中挪用装置艺术创作手段的创作呈现出逐步增长的趋势，尤其是在大型展览中的临时展馆设计中有大量的运用，同时装配式技术的发展也为建筑的装置化设计提供了技术上的强力支持。

4.3 引入装配式构筑技术的景观装置

建筑层面的装配式技术的引入无疑又为景观装置的发展提供了一条新的技术和手法路径，装配式技术既可以用轻型结构来完成小型精致的景观装置制作，也可以以其强大的工程技术手段来完成大规模的景观装置群体的建设。装配式技术以其可拆解重组的特性，在很多临时性建筑中发挥着重要的作用，除了在大型展览的临时性建筑场馆中得以运用之外，装配式技术也在世界级重要会议的临时性园林景观上得到了出色运用。常见的装配式立体花园和装配式垂直绿墙，都是装配式技术在景观方面的具体应用，它们将种植模块固定在安装好的结构框架上，呈现出整体的景观绿化效果。装配式技术为景观装置的发展提供了强有力的技术支持，从小型单体到中型群体再到大型综合体的景观装置中，都会看到装配式技术的运用。

4.3.1 小型单体景观装置的装配式设计

小型单体装配式景观装置大都采用轻型结构装配好基础框架，然后附着现成品或预制品完成整体的形态，虽然同样使用了装配式技术，但最后呈现的形态因为装置艺术的开放性而各具特色。

位于英国伦敦白金汉宫前的景观装置作品《树中之树》，是一个典型的使用装配式技术完成的单体式景观装置。其由短空心钢管组装成旋转上升的垂直主干，然后装配80根长度较长的空心钢管形成螺旋上升的水平枝干，最

后将350棵英国本土树苗栽种在
沿着80根枝干旋转排列的铝盆中
（图4-13）。垂直主干是固定部分，
水平枝干是悬挑部分，由这两部
分形成了结构主体，然后将种植
在铝盆中的树苗安装在主体结构
上。施工过程中整个树木被分成
5个部分，底部树干2个部分和顶
部树冠3个部分，按顺序吊装升
起后装配成一个完整的树木整体。
在这个作品中自然与人工呈现出
巧妙的结合，同时也传达出通过
种植树木来恢复自然生态的观念。

图4-13　《树中之树》

　　《颤抖的屋子》位于芬兰科尔
波市，改造自普通的芬兰小屋，
采用动态的"类动物"结构，可
适应周围不同的自然环境，并可
以适当移动（图4-14）。该装置使
用简单的木结构支撑起多排拉紧
的钢丝，这些钢丝是平衡木瓦的
标尺及固定轴，平衡木瓦采用浸
泡过的机用胶合板制成，平衡节

图4-14　《颤抖的屋子》

点采用不锈钢螺母及螺栓。木结构框架和拉紧的钢拉索组成主体结构，外部
安装600个可以随风摆动的木瓦，形成可以"颤抖"的房子。在大风或雨雪
天气，木瓦会旋转闭合，使装置成为临时性的庇护装置。景观装置会在功能

性庇护场所和装饰性体验装置间不断切换角色，使用者在装置内可感受到经木瓦调节后的光线，亦可欣赏到周围景致的不断变化。

《埃加利戈展亭》位于墨西哥首都墨西哥城，是一个介于临时展览建筑和景观构筑物之间的装置作品，这里也将其归为景观装置作品（图4-15）。这是一个使用了较为精密装的配式技术的景观装置作品，主体结构使用固定尺寸的槽钢和角钢，用来支撑内表皮的次级结构则由钢板组成。表皮上的"泡泡"使用钢管，由铁匠焊接在钢条上。所有混凝土板都通过螺钉固定在主体结构外，使得建筑可以回收再利用。仅在少量节点进行焊接，提供额外的支撑，以保证结构的安全性。外表皮由400块不同图案的纤维混凝土拼图块组成，内部则用到了超过3000块圆片。装置内部提供了一片生机勃勃的绿洲，设置了一系列环境调节装置，在内部形成一片小小的雾林；建筑表皮将阳光和雨水吸入其中，为植物提供生存的养料，建立起了一套属于自己的微气候（图4-16）。重叠表皮之间的开口以及人工照明在一天中创造出不同的景色，吸引观众进入展亭，重新界定内与外的界限。

图4-15 《埃加利戈展亭》1

图4-16 《埃加利戈展亭》2

　　以上三个作品都使用了现代的装配式技术进行设计和施工，并呈现出越来越复杂的技术性。但随着技术的复杂也展现出景观装置更多的感官效应。

4.3.2　中型群体景观装置的装配式设计

　　随着规模的逐渐扩大，使用装配式技术的中型景观装置往往会呈现出阵列式的群体状，会由更多或者更大的单元装配而成，也会形成一些空间或路径。

　　《云城市》是2012年在美国纽约大都会艺术博物馆屋顶完成的一个中型规模的景观装置，是由参数化技术完成的设计，由工厂生产构成整体装置的多面体单元现场装配而成（图4-17）。装置是由独立的钢结构多面体单元框架和玻璃组成，这些多面体单元各不相同，组合在一起让装置富有生命力。装置反射着城市、公园、天空、云朵和树影，人们爬上去，可以观赏到美丽的城市风景和装置所反射的美丽景象。

图4-17 《云城市》

图4-18 《苔藓球森林》

图4-19 《布尔运算装置》1

在美国费城花展上完成的景观装置作品《苔藓球森林》，由轻型框架和苔藓球装配而成（图4-18）。这一临时性的装置呈现为90平方米左右的微型森林，由1200多棵苔藓球育苗组成，它们被嵌入一个由纤细而复杂的金属网络构成的倒置圆顶中，为参观者带来难以忘怀的独特体验。装置中间有一条可以转折的行进路径，参观者可以进入景观装置的内部进行仔细观察和感受行进体验。这一景观装置的倒置圆顶造型的实现，需要装配式技术的精准介入，从而达到预期的效果。

《布尔运算装置》是在我国江苏苏州构建的一个大型临时展亭，其使用了较为复杂的装配式技术来完成（图4-19）。整体作品以一个不可思议的薄铝工艺创造，外壳厚度的变化在两个球形体之间的交接处变得明显。这个结构内部是一个不透明的空间，仅利用2毫米的多孔外壳与城市隔开。连续的表面在柱子网络中生长，这些柱子又可以剥开，形成封闭的壳体，复杂的结构外皮决定了分支、开口、部件以及连接的密度。这个中型景观装置从外部看由多个空心球形体量黏合在一起，而内部又形成了一些脉络式的纵横连接，并形成各种不同类型的空间可以容纳多种活动行为（图4-20）。另外，景观装置多孔多窍的表皮，

图4-20 《布尔运算装置》2

能使内外产生对视关联，会引发行人的好奇，鼓励更多的行人参与到装置中来进行多种体验性的活动。

　　从以上三个中型景观装置案例来看，现代的装配式技术能为复杂结构提供有力的技术支撑，从而使得更多的特异形体的景观装置得以实现。另外，先进的装配式技术还能帮助设计师实现更多的奇思妙想，使得技术障碍越来越少。

4.3.3　大型综合体景观装置的装配式设计

　　如果说中小型景观装置使用装配式技术，是处于要表达一些特殊的理念或者动态的变化以及特异的形体等目的而去选用一种技术类型的话，那么大型景观装置的设计与实现则大多对装配式技术是一种技术依赖，需要通过装配式技术才能使之得以实现。

　　位于深圳的大型景观装置《前海城》，是设计师利用预制构件营造灵活城

市的一次尝试（图4-21）。景观装置主体结构由租用的盘扣式脚手架组合装配而成，同时使用脚手板铺设坡道和行走廊道，这些租用的结构性材料在展览结束后拆除归还。在主体框架中适当围护彩色透明的塑料板材和局部使用充气体顶棚，来完成整个景观装置的总体内容。景观装置提供基础的框架空间，人们根据需要内置不同的活动内容，因其灵活多变而带来丰富的城市生活。这里容纳并满足日常活动与盛大节日活动的举行，如活动市集、休闲纳凉、城市广告、艺术展览、大众电影等，各种公共事件都可以在"前海城"中自由灵活地发生。

图4-21 《前海城》

赫斯维克建筑事务所是一个公认的极具创新性的设计机构，其2021年完成了美国纽约"小岛公园"项目（图4-22）。项目是一个可供人与野生动物栖息的乐园、一片葱郁的绿洲，并通过雕塑般的花槽被支撑在水面上。项目使用了138根柱子进行支撑，每根柱子顶端是中线长度6米左右的多边形花槽，由这些花槽组合在一起形成了面积达1万多平方米的公园。这个项目本身是

图4-22 小岛公园

一个公园景观项目，但却是由
138个景观装置式的种植花槽装
配而成的，每一个花槽单元都是
工厂预制完成好的，现场进行安
装。通过控制每一个单元的柱子
长度，最后组装完成的公园地形
也呈现出起伏的变化，这对装配
式技术有着较高的要求。远远望
去，数十个花槽装置单元高耸相
连，像极了大型的景观装置作品
（图4-23）。

赫斯维克建筑事务所对装
配式技术的使用非常得心应手，

图4-23 小岛公园局部

其于上海设计完成的"千树商业综合体"中，使用了类似的长柱子顶部支撑大花槽的景观装置作为建筑的标志性构件，使得整个建筑充满绿植，又呈现出一定的装置感。另外，前面提到的2010年上海世博会的英国馆和《树中之树》景观装置也是由赫斯维克建筑事务所设计完成的，他们能很好地使用装配式技术完成装置化的建筑和纯粹的景观装置作品。随着装配式技术的广泛应用，设计师们会逐渐地在设计上形成装配式思维，从而会设计出更多装配式的具有装置感的设计案例。

装配式技术和装配式思维对景观装置乃至景观和建筑的设计都具有创新性意义，能催生更多的创新性的设计案例诞生。因而，装配式建筑的发展为景观装置提供了全新的装配式技术手段，破除了景观装置在工程方面的技术阻碍，也拓展了景观装置的设计思路。

5

拓展：景观基础设施的装置化倾向

　　城市公共基础设施包含多方面的内容，其中既包括具备具体功能并可以供市民的各种行为活动直接使用的显性基础设施，也包括生活必需资源供给的综合输送管网等隐性基础设施。景观都市主义提出景观基础设施的概念，探讨景观和基础设施合二为一的可能性，于是"作为基础设施的景观""作为景观的基础设施"和"景观化的基础设施"等观点相继被提起。从景观的系统性角度来讲，自然既包含显性的基础设施也包含隐性的基础设施；从景观的视觉体验角度来讲，这里我们主要论述显性的基础设施，其有着视觉呈现或实际使用的要求，抑或同时具有上述两种要求。这些显性的公共基础设施作为景观的组成部分，有着装置化的发展倾向，并逐渐成为景观装置的组成部分。

图片素材

5.1 公共基础设施的景观艺术性需求

景观都市主义提出的景观基础设施具有两层含义：一是景观作为基础设施，视景观为绿色生态并可变化的城市基础组成部分；二是基础设施作为景观，基础设施既是景观工程的组成部分，也是景观视觉效果呈现的组成部分。从第二层含义出发，日常可见的公共基础设施作为景观可视化实体的组成部分，其应该具有良好的景观视觉艺术效果。另外，景观都市主义的研究发现了传统的基础设施建设只注重技术方面的要求，忽略了城市基础设施还应具有的社会、审美及生态方面的功能。因而，可视化的公共基础设施不仅应该满足使用要求，还应该体现出景观的人文艺术效果。景观设计师克莱尔将城市空间中的公共设施定义为："在城市内开放具有几何特征和美学价值的，并可供人们户外活动使用的设施。"指出作为城市景观组成部分的公共设施应该具备美学价值，设计上需要考虑艺术化和视觉性的要求。

景观基础设施的提出，使得过往所言的景观小品、景观设施和公共基础设施不需再做硬性的区分，因而公共性和艺术性成为它们共同的要求。时下的可视化的景观基础设施会从多个方面传达景观所能体现的内容，如满足公共使用的需要、能成为文化展示的载体、具备艺术化的视觉效果，甚至能复合其他能源设施和具备智慧化互动特性等。因而，可视化的公共基础设施自然就有了越来越多的景观艺术性和视觉性的需求，需要更加艺术化地呈现。另外，随着城市文化的觉醒和设计的地域性逐渐增强，可视化公共基础设施也被要求能体现更多的地域文化特色，这也是需要其具有良好的文化艺术性和景观视觉性的另一个需求层面。在景观基础设施提出后，可视化的基础设施基本上是基于两种途径被设计的：一种是和景观整体设计一起来完成，具有很高的复合性；另外一种是仍作为工业产品来设计，但更多地采取了标准化和模块化的设计，并逐渐地呈现出越来越强的智慧化倾向。这两条发展途径都处于不断探索的阶段，途径一主要由景观工程设计师不断通过实践进行探索，途径二则由景观设计师、工业设计师、艺术家共同进行探索实践，同时不断地在更大从业者范围内持续发起各种研究性设计竞赛，探索创新性的公共基础设施设计方案。

基于景观整体的复合性，景观基础设施和景观的其他元素一起，综合解决景观的功能性和艺术性问题。景观台阶会复合景观座椅、台面、坡道、种植池等基础设施，形成可容纳丰富活动且视觉体验丰富的景观活动场所；种植池的边缘适度放大，抬升或者降低高度，拉宽台面并适当起伏，形成长凳、躺椅等设施，并复合照明设施，形成整体上充满绿意的休憩活动场所。这些复合在景观整体中的公共基础设施，和景观其他内容一起都表现出艺术化的色彩，并具有良好的视觉效应。

作为工业产品来进行设计和生产的公共设施，从产品设计的角度本身就有视觉呈现的艺术性要求，同时也需要与景观环境很好地结合，塑造整体上相协调的视觉效果。近些年来，这一途径的公共基础设施随着城市建设的不断发展又有了一些新的称谓，如景观设施、城市家具等。城市家具的说法最近几年来受关注的程度比较高，是城市设计学科视野下从微观视角提出的新关注焦点。"家具"这一称谓原本作为室内陈设的主要内容，其本身既有实用性要求，也有装饰性和艺术性的要求，同时还能时常体现一定的地域文化的特点。城市家具的提出，实际上是对城市公共空间中显性基础设施的实用性和艺术性提出了新时期的要求，并期待从新的视角对其进行更为实用和艺术化的设计。

可见，在学科融合的发展趋势下，不同专业和不同学科都开始进行跨界的探索。无论是景观视角，还是城市设计视角，对显性的公共基础设施都提出了艺术化和视觉性方面的高要求。由此可见，基于两种不同途径设计和完成的可视化公共基础设施，无论赋予其何种称谓，都需要满足其艺术化和视觉性方面的要求，这也成为可视化的公共基础设施的景观装置化发展的一个前提。

5.2 公共基础设施的景观化呈现

基于景观都市主义的视角，将公共基础设施纳入景观设计的整体层面进行考虑时，其自然而然就越来越呈现出景观化的发展趋势。尽管景观都市主义是从更宏观的层面提出基础设施由"灰色基础设施"向"绿色基础设施"转变，但在微观层面仍然影响到日常可见并常被使用到的公共基础设施。于是出现了很多前缀为"景观"字样的基础设施，如景观候车亭、景观公共座椅、景观休闲长廊等，公共基础设施的景观化呈现日渐丰富。

基于城市设计的微观视角，从公共空间的建设角度也对城市家具提出了艺术呈现的要求，城市家具的艺术体验表现在装饰性、趣味性、文化表达性和环境协调性。而这些艺术需求恰恰也是景观设计总体要求下的艺术属性，城市家具在城市公共空间中作为景观涵盖的一个部分，自然需要与环境相协调，呈现出景观化的表达。

基于景观整体设计的复合性景观设施，往往是景观构筑的一个部分，会在原有的单一功能的景观元素上进行扩大化构筑，以复合更多的设施功能。这类公共设施体现出一定的整合度和连续性，同时以景观整体的组成部分来呈现。当代景观设计中台阶、种植池边缘和路径边界等成为景观设施复合度较高的界面，呈现出越来越丰富的景观整体呈现，使得景观的实用性和美观性大大提升。在昆山康居新城江南片区商业街景观设计项目中，呈现了一个景观复合度很高的景观台阶的设计（图5-1）。在这个景观台阶中，包含了用作交通的台阶、休息座面、种植池、绿坡种植和跌落的水景等，形成了一个包含多种景观设施的景观整体，结合了多种软硬质景观。这个案例中景观设施和景观整体紧密相连，是一种整体协调的综合呈现，公共设施以景观的组成部分融入景观整体之中。

图5-1　商业街景观台阶

在深圳的"飘浮群岛"人行天桥景观设计案例中，设计出多样化的以种植池边缘复合公共设施的景观细部形态（图5-2）。其一是通过加宽种植池边缘形成硬质的座面可供行人暂时休息；其二是进一步放大种植池台面的边缘，并覆盖木质板材，形成更宽的座面，除了可以提供舒适的座椅功能供休息之外，还可以在台面上躺着晒太阳，孩子还可以在上面奔跑游戏；其三是将部分种植池边缘设计为斜坡状，青年人会利用斜坡来玩滑板和自行车等充满活力的运动，儿童会把斜坡当作滑梯来进行游戏和玩耍。种植池边缘的公共设施复合，既可以增加更多的行为活动，也会通过软硬质景观的结合呈现出更好的景观视觉效果。

图5-2 "飘浮群岛"人行天桥景观

在湘江西岸商业旅游景观带设计案例中，出现了多个依附路径边缘的公共设施的整合设计。其一是在交通路径与嬉戏沙地之间设计了形态优美的曲线起伏状的台阶，并使用了浅红色修饰表面，这个设施可综合用作台阶、休息座面、可依靠的躺椅、儿童嬉戏的起伏奔跑路径等（图5-3）。其二是在两条不同等级的路径中间的隔离带设计了一个连续起伏并有多重功用的综合景观设施，包含了绿池、抬升的台面、休息亭和休息座椅等。抬升的台面可供坐下休息、躺着晒太阳和成为孩子的活动场地，也有遮阳的亭子可供使用者坐在其中休息，同时也注意了软硬质景观的结合（图5-4）。这些复合性的公共设施往往作为景观整体的组成部分，是原有景观元素的扩大化设计或附着化设计，其兼具景观的实用性和艺术性，具有良好的景观视觉效果。

图5-3 湘江西岸商业旅游景观设施1

图5-4 湘江西岸商业旅游景观设施2

作为城市家具或者工业化产品进行设计的公共设施，具有一定的独立性，但仍需考虑与景观的整体协调。伴随着人们对生活环境品质要求的提高，审美水平和活动要求都在逐步提高，这一类别的作品也发生着较大的发展和变化，从不断变更的称谓和不同领域的相继探索便知一二。以往的公共空间中只提供单一使用功能且孤立存在的公共设施已不能满足时下的需求，而功能复合且与景观环境整体协调的新型公共设施便成为时下设计的主要方向。

上文中提到的两个案例《草地长椅》装置和《请坐》装置，都是以公共设施的户外座椅为原型进行设计的新公共设施，也都可以称为城市家具。《草地长椅》装置是集合了座椅、台面、躺椅甚至是卧台等的设施综合体，同时与周边的绿地很好地结合在一起，本身又呈现出生长的根系扩张的艺术化形态；《请坐》装置则集合了座椅、台面、躺椅和门廊等设施，放置在公共广场空间中，供穿梭来往的人群探索性使用和游戏。这两个作品可以被涵盖在景观基础设施中，也可以被称为城市家具，并且都是景观中的视觉焦点，具有很强的景观属性。

《砼亭》为上海多伦街道的一个城市家具，位于城市的一个街角，作品一边和路缘石紧密相连，并以弧形转角应对道路的转角倒角，与环境很好地结合在一起（图5-5）。《砼亭》由八个预制单元组构而成，具有较高的功能复合性，兼具座台、遮阳、操作台面、凉亭和艺术化照明等设施之功用，甚至可以作为临时售卖亭来使用。砼亭在街角从地面逐阶升起，逐渐延伸到近旁的大树下，并形成观察街景的一个窗口，参与到了城市景观的角色中，成为多伦路主街

图5-5 《砼亭》

道的背景。砼亭作为街角的功能复合性的公共设施，具有精致化的景观细节，呈现出优美的景观效果，成为街道景观一个重要的构成元素。

《城寻山水》是为香港艺术馆的公共空间完成的一个艺术作品，由三个部分组成，分别是《山中寻》《水中山》和《众山阅》。艺术馆公共空间的作品艺术性要求是第一位的，其具有优美的造型，成为公共空间中的地标。同时，设计师兼顾考虑了设计的多方面因素，并基于公共艺术和景观设施的视角思考问题，设计出的作品兼顾了艺术性、景观的协调性和设施的可用性。三部分作品都由金属管件弯曲环绕而成，造型上都呈现出山峦起伏的造型组

合，规模大小和与地面的关系有着不同的变化。《山中寻》部分造型上既有群山起伏的意象，又似海浪般翻卷的形态，组构成虚掩的景观亭廊，可供行人在其中穿梭，以体现路径的趣味性和光影的变化（图5-6）；《水中山》是造型艺术感最强的部分，表达出很强的视觉张力感，可视为以现代材料完成的新型景观雕塑，也可看作是造型奇特的景观亭廊，在夜间照明的照射下会产生迷幻的视觉效果（图5-7）；《众山阅》部分被设计师视作与人共存、联系城

图5-6　《城寻山水》景观装置系列之《山中寻》

图5-7　《城寻山水》景观装置系列之《水中山》

图5-8 《城寻山水》景观装置系列之《众山阁》

市与自然的媒介，是规模最小的一组作品，但也是功能性最强的一组作品，能引发行人的更多互动，可倚可坐并可供孩子攀爬，可视作典型的景观设施（图5-8）。这一组作品既是公共艺术作品，也可以被称为城市家具，都被涵盖在景观基础设施的范畴之内，其作为景观的组成部分具有良好的景观视觉效果。

设计师和艺术家等创作者并不像理论家和批评家那样去清晰地划分艺术作品的门类归属，而是会综合地使用多种手段去完成优秀的艺术或设计作品，因而成就了这一组作品的综合性。这既是公共艺术作品，也可以作为景观设施，材料及组构的方式又有装置艺术作品的痕迹。由此可见，公共空间里的艺术创作和设计作品，其门类与边界的界限越来越不分明，呈现出多方融合的状态。公共设施作为城市公共空间景观整体的重要组成部分，在逐渐摆脱了单一功能属性之后，景观视觉艺术性在不断增强，同时与景观整体的协调性也在提高。而在综合使用各种不同方法、材料及装配式手段之后，公共设施的装置化发展趋势日渐明显起来。

5.3 景观基础设施的整合化及装置化发展趋势

公共基础设施的景观化呈现是基于审美需求和景观整体协调性需要而产生的，将其作为整体的一个重要组成部分而非割裂整体而单独存在，那么作为整体的局部本身也呈现出整合化的趋势。无论是审美方面的艺术化需求还是工业化方面的建造手段更新，抑或是智能化方面的复合性趋势，都使得公共基础设施逐渐呈现出装置化的发展趋势。

当装置艺术进入城市空间中时，便逐渐向着大众化的方向发展，艺术家关怀日常生活与社会环境的创作愈来愈常见，艺术家也将其介入都市景观的创作视为一种将各种印象结合在一起的行为。随着装置艺术在城市公共空间创作发展的逐步深入，其从公园、广场、街道逐渐走入社区公共场所，也从独立场所的艺术创作逐渐地扩充到依托公共空间里的固有元素进行创作，于是出现了建筑装置、景观装置和设施装置等。装置艺术向着大众化的方向发展，而公共设施也呈现出艺术化的需求，两条发展途径经过碰撞，便使得装置艺术创作考虑引入设施而增加人的行为活动参与，而公共设施则思考像装置艺术那样更加艺术化和增加互动性。因而，在景观总体的视角下，公共基础设施便呈现出整合化和装置化的发展趋势。

公共基础设施的整合化恰恰为其装置化提供了更好的基础，整合化的公共基础设施能同时承载几种功能，为其装置化能引发多种活动提供了更好的创作载体。公共座椅是公共基础设施中最为常见的一种类型，其呈现整体性和装置化的设计案例越来越多。

位于香港九龙的《城市适应器》是香港打造的新型街道休憩设施，作品使用了参数化设计技术，以多个不同形态的木板排列组合成一种动态的整体（图5-9）。完成的座椅形态，整体呈现出动态的流体状，造型优美。并且通过起伏的变化能容纳多种休憩活

图5-9 《城市适应器》

动，是座台、长凳、沙发靠背椅和靠台的综合体，高起的一侧的侧面还可以用作指示标牌。与普通公共座椅单一的功能属性不同，这个座椅整体的使用具有一定的探索性，每个人都会根据自己的理解和需求选择不同的使用方式，这是装置艺术作品引发互动的常用手段。组成公共座椅综合体的单元还可以回收，用作容器、种植器和广告牌等。单元装配式的组构手段，为设施的全生命周期的使用提供了更多的可能性和灵活性。这个装置化明显的公共休憩设施虽然提供了有多种可能的使用方式，但仍以休憩类活动为主。

在休憩的基础上融合其他类别功能的座椅也屡见不鲜。在美国，布鲁克林工作室制作完成的"可玩城市"系列作品中有两个复合型的公共座椅，通过附带可以演奏的乐器，鼓励行人更多地参与，进而产生一些更进一步的社交活动。其中公共设施《交缠》由四根粗金属管弯曲扭转成起伏的波浪状，两端倒角折转形成半包围的布局，在包围的场地内对应设施高点形成的座椅位置安放了三只铝制的可以敲击的鼓，鼓励行人参与进来进行演奏（图5-10）。三只鼓的灵感来自传统海地鼓的打击乐器，可以合拍演奏，因而会引发深入的合作和进一步的社交活动。起伏的红色金属管会形成小斜坡，还会引来孩子们在此攀爬、滑动、嬉戏。

公共设施《能玩就不坐着》采用了和《城市适应器》一样的切片组合形态，只是切片由金属材料代替了木质材料，其完成了几个都呈现出波浪状起伏的复合了"琴键"的公共座椅（图5-11）。尽管高低规模不同，但每个座椅的椅面上都截取一部分替换成琴键，鼓励行人参

图5-10 《交缠》

与演奏，而且适合全年龄段的人来
使用。

图5-11 《能玩就不坐着》

以上的几个案例都采用了整体
性的设计，呈现出装置化互动的特
色，能同时承载行人参与的多种活
动方式，使得公共设施更受市民的
欢迎，同时还鼓励参与和更深一步
的社交活动等。

公共座椅属于公共设施中休息设施的一个小的类别，除了在小类别之内
整合不同的坐卧形态和复合其他简单功能之外，小类别之间的整合案例也逐
渐增多，并且呈现出更强的装置化倾向。

位于北京一职业学校的公共广场上的一个公共休憩设施，因形态起伏多
变被命名为《过山车》（图5-12）。这是一个综合型的休憩设施，融合了公
共座椅、亭子、廊道等设施，并以立面上连续起伏的方式配合平面上的曲折
迂回，最后形成半包围状的设施整体。设施的设计还考虑了和环境之间的融

图5-12 《过山车》

合，并与环境一起创造了开放式的花园和阴影展馆等一系列的活动空间，能引发很多人的参与和发生更多的社交活动。设施起伏迂回的过山车般的造型具有很好的艺术效果，同时其使用了多种材料，并以构筑的手段装配建造而成，呈现出装置化的效果。

位于越南金兰国际机场前公共空间里的大尺度整合化的公共设施，也是一个包含公共座椅、休息亭和景观廊道的休憩设施综合体（图5-13）。设施同样结合环境进行了设计，由遮阳结构、地面公共座椅和绿化种植池形成景观整体的主要部分。由竹子和金属构组的遮阳结构和地面的公共座椅都采用了流线型，呈现出小水洼形态的艺术化效果。遮阳结构虽然与公共座椅的形态如出一辙，但在整体组合设计时，遮阳结构的阴影与座位并不完全重合，总能使一部分长椅暴露在阳光下。因此带来一种持续的"错位感"，它能够让使用者去主动寻找合适的位置，并且从这种"游戏性"中与场所建立互动关系。这个公共设施形态的呈现是艺术化的，并提出了"错位感"的设计概念，鼓励行人积极地参与和探索，整体上也呈现出较强的装置化的设计倾向。

图5-13 越南金兰国际机场前公共空间景观设施

装置艺术本身就是关注环境的艺术，随着其在城市公共空间中创作的逐渐增多，在其互动性创作思维要求下越来越关注公共空间中的活动需求，于是也开始在作品中提供可以供观众参与活动的部分。随之便逐渐出现了融合公共设施的装置艺术作品，而公共设施也通过装置化设计更好地参与城市景观的塑造，引发更多的公众参与，两方面出现了融合发展的趋势。

《移动果园》公共艺术装置位于英国伦敦，装置由塑料木材叠片组装而成，其设计之初就提出此装置作品可作为街道公共设施来使用（图5-14）。这个介于装置与设施之间的作品，由参数化技术来完成复杂的设计，呈现出如真实树木般的枝繁叶茂，并在其树枝上固定了果实团，可供来往行人采摘食用。从装置的角度来看，其形态构成具有较强的艺术性，使用了先进的基于参数化计算的装配式技术手段来完成作品的组建，同时提出了一系列的概念和观念，如通过树枝提供食物共享美食盛宴，激发参与者进行表演等。从公共设施的角度来看，其可以被看作是一个复合了坐凳、躺椅、扶手椅、台阶和亭盖等设施的综合体，能让行人进行不同坐姿的休息和提供遮阳等。

图5-14 《移动果园》

其既可以被看作是融合了公共设施的装置作品，也可以被认为是装置化的城市公共设施。

巴西圣保罗的《我的心跳与你同一节奏》装置，被认为集大尺度公共装置、城市家具与雕塑于一体，以通常在地下使用的基础设施金属圆筒，组装成一个引人注目的结构（图5-15）。远远看去是一个地标性的城市雕塑，顶部聚集在一起的金属管在底部向不同方向发散式蔓延，一条颜色艳丽的管线是视觉的焦点，更是装置中的主角，其高度最高，在地面上蜿蜒的长度和变化都是最突出的。作品使用了日常生活中常用的工业现成品进行创作，具有雕塑般的艺术感，同时又复合了声音设备，在视觉和听觉两个方面吸引行人参与探索型互动，具备城市公共空间中的典型装置艺术作品的特征。在顶部聚集部分的地段形成了多个躺椅，可供行人依靠休息，地面蜿蜒的长管成为可供小坐的长凳，具备休憩型公共设施之功用。这个作品也是装置艺术与公共设施融合化的代表作品，可视为公共设施的装置化发展道路上的探索性作品之一。

图5-15 《我的心跳与你同一节奏》

　　使用频率较高的休憩型公共设施和游戏型公共设施，装置化的程度比较高。因为装置化之后的公共设施具有更好的互动性，会引发更多的使用，同时还能引发探索和社交活动，提高公共空间的活力。前文中提到的公交车候车亭、休息凉亭等也可以归为公共设施装置化的范畴之列，此处不再一一赘述。装置化的公共设施依然是景观基础设施，仍然可涵盖在景观装置这一概念之下，成为其组成部分之一。因而，在景观装置的总体认知下，去理解和设计公共基础设施，将会对基础设施应用水平的整体提高有着较大的助力。

6

泛化：景观装置的发展趋向与技艺融合

　　装置艺术的空间语境拓展至城市公共空间，参与了公共空间中的介入型艺术创作，为景观装置的提出和初步发展提供了样本参照和观念联想。于是景观设计领域从引入装置艺术作品，到主动地进行景观构筑物的装置化设计，推动着景观装置进一步向前发展。随着景观设计学科的发展，逐渐拓展着其包含的领域和内容涵盖，公共建筑和公共基础设施作为城市景观的组成部分也在进行着装置化的设计尝试，进一步丰富着景观装置的内容拓展。装置艺术让世人看到了艺术创作泛化的可能，于是越来越多的领域都尝试着艺术化的表达与呈现，这使得景观装置在扩张和争议的过程中不断发展，呈现出多元化的发展趋势。

图片素材

6.1 装置艺术的泛化

装置艺术对传统艺术分类的反叛和其与生俱来的开放性，决定了其创作手段的多样化和探索层面的综合性。其大获成功的同时也吸引了更多的艺术家来进行装置艺术的探索，于是先后出现雕塑装置、影像装置、绘画装置、摄影装置、地景装置、数码装置等。从20世纪60年代主要使用现成品来进行创作以来，装置艺术在不断发展的过程中进行了多方面的探索，出现过反传统艺术分类、关注社会问题、关注女权运动、关注环保问题等观念主题。80年代后，随着时代发展逐渐引入影像技术、装配式技术、新媒体技术以及智能交互技术等前沿科学技术，创作范围也逐渐扩展到公共环境的各个领域。技术手段的更新与创作领域的扩张，逐渐地削弱了装置艺术的"观念"意识，"观念"的有无不再成为衡量装置作品的最重要标准，生活化、日常化，甚至某种意义上的日常"装饰化"都会成为装置艺术"泛化"的特征。

自20世纪60年代以来，以装置艺术为代表的一众反叛性艺术的兴起，逐渐引起了审美的"泛化"趋势，即由传统的高雅趣味向现代的大众审美风俗的转换。装置艺术的开放性和综合性影响了很多艺术门类的当代化发展，首先便是雕塑。当雕塑不再只局限于使用传统的材料时，已经向装置化发展迈出了重要的一步。金属焊接雕塑的出现是雕塑在材料使用上的一次重大变革，当代雕塑使用现代工业材料或是同时使用几种工业材料拼装时，便创作出了具有装置意味的雕塑。于是装置与雕塑便不再是泾渭分明的存在，相互间的界限逐渐模糊了起来，只能通过创作的基点不同而大致地区分到底是装置作品还是雕塑作品。因而，雕塑艺术理论家开始发现并评论雕塑的艺术创作进入"泛化"阶段，实际上是受装置艺术"泛化"的影响。

20世纪70年代装置艺术开始引入影像技术进行实验性创作，80年代随着影像技术的发展和普及，影像内容在装置艺术中的运用越来越广泛。影像的引入对装置艺术的观念化呈现是一把双刃剑，既可以通过影像的叙事性加强观念的传达，也可能因为追求影像更为生动的影音效果而削弱观念的传达。随着科学技术的不断发展，装置艺术的观念表达已不再作为必不可少的内容，影像的引入使得装置艺术创作发现了更多的可能性，如通过影像进行虚拟化的表达，以及通过声音的模仿而引发场景联想，等等。而引入影像的装置作品所呈现的生动化和艺术化的表现效果，启发了更多的展览展示活动来进行效仿。于是装置艺术在影响展览展示活动的同时，也逐渐发展为一种展示与环境的布置方式，即逐渐地成为一种宽泛的具有艺术方式而不是艺术样式意义的概念。

当装置艺术被理解为一种艺术表达方式时，其泛化的趋势就越来越明显了。首先，一些装置艺术家把装置艺术创作作为改善老旧城市空间的一种手段，通过在老旧城市街道等公共空间不断地进行装置艺术创作，来改善城市空间的品质，提高城市公共空间的活力。其次，从公共艺术层面进行的装置艺术创作，会使得装置艺术成为为人民服务的公众艺术创作，也会从提高城市整体的艺术氛围角度出发，通过装置艺术创作来提高公共空间的品质与活力。再次，装置艺术的商业价值被逐渐挖掘出来，其前卫、新奇甚至有些怪异的呈现方式和其越来越多的动态化呈现，能吸引更多的关注和参与，并激发更热闹的商业氛围，带来更多的商业价值。最后，装置艺术使用日常可见的材料并对组装技术的低要求，使得其创作的技术门槛并不高，很容易让普通人参与进来。同时装置艺术鼓励普通人群的参与以及和作品的互动，甚至鼓励参与到作品的创作过程中来，能带来更直观的演示与展示效果，具有很好的推广性。因而，其被作为教育手段引入大、中、小学的一些教育活动中来，并倡导学生们积极地参与到以装置艺术手段美化城市环境的活动中来，并同时进行环境保护的教育。由此可见，泛化后的装置艺术有着更多的发挥空间，并呈现出多样化的方式和手段，也将有着越来越多元化的表达与呈现。

6.2 景观装置的多元发展趋势

随着装置艺术的泛化，景观装置汲取了更多的表达方式以及创作手段，进一步拓展了涵盖领域，呈现出更加多元化的发展趋势。首先，在艺术的相关专业领域内，景观装置作为介入型艺术和公共艺术的主要艺术创作方向之一，在公共空间中寻求着更多类型的创作，并随着时代发展积极地运用前端科学技术进行紧跟时代发展步伐的创作。其次，在拓展的工程领域内，景观构筑物类的景观装置则努力地将实用性、趣味性和参与性很好集合起来，同时也积极地引入和复合更多的新技术与新功能。景观建筑类的景观装置进一步依托装配式技术，将装置化发展深入推进，展现出艺术性、展示性和前卫性融为一体的综合性。景观设施的装置化程度进一步提高，复合性的景观设施向着景观构筑物的装置化方向发展，同样注重艺术性、实用性和趣味性；可移动的景观设施则融合家具等工业化产品的特征，并逐渐地以单元化和模组化的方式出现在城市景观环境中。再次，在新兴的科学技术领域内，新媒体景观装置和交互式景观装置呈现出更加新颖的动态化视觉艺术效果，并能呈现出变化的趣味性以引发更多的参与，尤其是交互式景观装置能形成一种"双向沟通"的反馈模式，对提高公共空间活力大有裨益。在多个领域发展的共同推进下，景观装置呈现出艺术体验综合化、技术运用前沿化和参与互动智能化等的多元化发展趋势。

在艺术体验综合化层面，装置艺术作品越来越多地在公共空间中进行创作，并作为公共艺术的主要形式之一，更多地参与城市景观的塑造，同时与景观逐渐产生交融，使得景观装置的艺术化呈现更加丰富和多样。现象学景观强调的是在真实场所中的综合体验，调动视觉、听觉、味觉、触觉等一系列身体感官体验，对色彩、声效、气味、质感交织于一起的连续体验。综合体验的调动与装置艺术的创作追求目标不谋而合，这便加速了景观装置作品对艺术化的追求更加全面和综合，艺术化的呈现效果也更加丰富和多样。于是，综合调动多种感官体验的景观装置作品越来越多，前文中的一些案例便不乏此类作品，例如第二章提到的《风声亭》便是能让参与者同时体验到声音效果和视觉效果的多感官体验景观装置。

景观装置《花瓣雨》是一个能同时调动参观者嗅觉、视觉和触觉的装置作品，其在开放的场地上由顶部悬挂的倒置鲜花和地面直立的人造假花茎组成（图6-1）。装置完成之初，步入其中可以闻到假花茎上面塑料香囊中的人造香水的气味，并且会强于头顶鲜花的清香。但随着时间推移，假花茎上的人造香气会逐渐消散，头顶的鲜花香气渐渐弥漫，花瓣也会逐渐散落到地面和步入其中的参与者的身上。行人可以在飘落的花瓣雨中体验嗅觉上的气味变化，也可以体验到花瓣雨飘落的视觉效果，还可以用手接住凋落的花瓣来感受花瓣冰凉的触感。

位于意大利罗马的景观装置《斜坡上的花朵》，在斜坡绿地上竖立了多个巨大的"花朵"装置，同时还在地面上布置了适当的休息设施，形成了规模较大的景观装置群，可供人们在其中休息和交谈（图6-2）。景观装置呈现出具有冲击力的视觉效果，"花朵"白天可以遮阳，晚上可以作为照

图6-1 《花瓣雨》

明设施使用。同时"花朵"中还装设了可以播放音乐的设备，让步入其中的行人在悠扬的音乐中度过美好的时光。《斜坡上的花朵》景观装置综合了场地与装置及设施的使用，可让参与者感受到听觉体验和多重视觉体验，呈现出极强的艺术体验综合化效果。由此可见，景观装置越来越注重调动多个感官的体验效果，以引发参与者更全面的感官体验。

图6-2 《斜坡上的花朵》

在技术运用前沿化层面，景观装置从设计到施工制作都紧跟时代步伐，设计方面引入参数化设计方法和交互式设计理念，施工制作方面引入现代化的装配式技术手段和3D打印技术等。参数化设计方法与装配式技术手段以及3D打印技术通常都是关联使用，参数化设计出作品的具体图纸并根据装配式技术条件进行组装配件编号，然后进行现场的装配调试，直至完成作品。参数化设计带来的在形式变化的控制力上的增强，使得景观装置形式的夸张性和精密性大大提高。由鲍尔·诺格斯工作室设计的马克西米·利安户外装置，采用了聚酯薄膜材料，以一种复杂秩序排列而成，像漩涡一样被置于庭院上

空，很好地联立了两个建筑物之间
的空间，同时产生唯美幻象般的空
间体验，公众可以在这个花瓣组
成的装置下享受光与色的视觉盛
宴，同时其也提供良好的穿过式体
验（图6-3）。这个类似于花瓣状的
景观装置得益于参数化设计与装配
式施工方法，才使得每一瓣相似却
不相同的"花瓣"排列出奇特的韵
律，从而产生自身美好的形式和迷
幻的光影效果。通过参数化进行设
计并通过3D打印技术来完成的景观
装置作品也屡见不鲜，上文第三章
中提到的位于国外的《废料与喷气
机》景观装置和位于上海的《落云
亭》景观装置，都是基于3D打印技
术来完成的。

景观装置作品《微缩自然》是
为上海新天地设计节打造的艺术作
品，其内部用柔美的曲线勾勒出了
山水、峡谷般的曲面，在由理性逻
辑与向量计算构建出的当代城市
中，融入一个近乎虫洞般的"微缩
自然"（图6-4）。景观装置内部曲面
用PLA材料由3D打印技术打印出多

图6-3　马克西米·利安户外装置

图6-4　《微缩自然》

个模块,再使用装配式手段将其进行组装,最后安装固定在稳定的钢结构上,并进行底部固定和外围包裹,以完成最后的艺术作品。《微缩自然》景观装置所构造出的内部曲面不仅形态优美,还可以吸引过往行人进行探索性的参与互动,成人可以寻找合适的位置进行坐卧等姿态的休憩,孩子则会进入其中攀爬,探索各种可以发生的活动。技术的发展为更多的创意增加了实现的可能,景观装置也在技术发展的推进下不断地进行更多的前沿化探索。

在参与互动智能化层面,景观装置强调更多的参与,并引入数字化的智慧技术对参与的行为进行适度的反馈,以引发更有深度的参与互动。交互式景观通过将数字化技术手段作为一种媒介,使人与人、人与环境、动植物与环境之间产生良好互动,形成一种"双向沟通"的反馈模式,实现了行为感知交互、环境感知交互和虚拟交互三个层面的参与互动。上文中屡次提到的大型交互式景观装置《参与者》便是融入公共空间景观中的代表性互动智能化作品,其通过感知系统、传输系统、计算系统和反馈系统对参与行为进行实时交互性的反馈,以引发行人的深度参与。

位于上海某露天生活购物中心的景观装置《三角形探戈》,是一个在地面上可以用脚来进行参与行为互动的装置作品(图6-5)。设计师借鉴了新一代

图6-5 《三角形探戈》

舞蹈游戏，在此基础上创造了一个灯光和音乐的反应平台，当人们踩踏到不同图案的三角形上时，灯光和音乐会作出相应的反应。三角形玻璃板下面放置了电容传感器，每当有人踩到三角形玻璃板上时，传感器就会触发闪光灯点亮和钢琴音调响起的反馈。孩子可以在这里嬉戏，年轻人可以探索熟悉的规律进行一定的表演性行为，这些都会引发来往行人的驻足观看，观众也会因为好奇而参与进来，从而完成由"观众"到"演员"的身份转换。

2019年，日本新媒体艺术团队TeamLab在上海油罐艺术中心展出了其创作的多主题虚拟交互景观，一共展出了五个虚拟主题，每一个都塑造了一种虚拟的景观环境，这些虚拟的景观环境会随着行为的介入而产生形态的变化，创造出沉浸式的体验。以《油罐中的水粒子世界》主题作品为例，其在巨大的空间里以水粒子连续体形成从天而降的瀑布，观众来到瀑布前时，瀑布的流动会受到阻碍而改变流动方向，观众在作品中既是观众，也起到了障碍物的功能（图6-6）。基于每位观众的特性所异，作品所产生的变化效果也是唯一的，每一位观众都将创作出属于自己唯一版本的影像变化。无论是现实的还是虚拟的智慧交互式装置，往往都会引发尝试、感知、探索、熟悉、表演等一系列的行为和意识，从而产生更多的参与行为，引发更多样的行为活动。

图6-6 《油罐中的水粒子世界》

随着景观装置的艺术化、技术化和智慧化发展，国内外先后出现了各种各样的专门从事景观装置设计的设计团队，分别基于不同层面进行前沿化的探索和发展。近几年国内智慧化景观装置的发展得到了长足的进步，出现了一些专门从事智慧化景观装置设计的专业团队，使得景观装置的互动性进一步提高。

6.3 艺术与科技的多元融合

伴随着科学技术和艺术创新的进一步发展，关于艺术与科技相结合的探索越来越深入，从创作主体的角度来讲，艺术主体与科技载体有了更多的融合。在这里我们首先要提一下新媒体艺术，新媒体艺术逾越了多种媒介，融合了科学技术、美学、文学、逻辑学、心理学和行为学等，利用先进的科学技术与其他学科的融合来重构并丰富艺术表达。与装置艺术逐渐泛化为一种手段和方式相对应，新媒体艺术更倾向于作为一种思考和构思的方法。因而，新媒体艺术在空间里的作品往往多以装置的形态呈现在世人的面前，新媒体装置艺术的称谓也就应运而生。从艺术创作的角度来看，可视之为艺术创作的过程中引入了新媒体的技术手段；而从科技发展的角度来看，装置作品成为新媒体技术的展示终端。

自20世纪70年代开始，装置艺术家开始试验在装置艺术作品创作中引入电影、电视和录像的手段进行创作，运用电影、电视和录像这些当时新颖的视觉艺术手段，探索以往传统视觉艺术手段无法触及的领域，如不同空间观念、不同时空对人的心理影响、人与环境的互为影响等。到了80年代，电视和录像在装置艺术中的使用越来越广泛，甚至成为当时装置艺术的一个突出性的时代特色。上文第二章提到90年代的装置艺术作品《全景录像》，便是使用电视和录像手段的典型代表作品之一。而这个作品也展示了影像技术的远程连接性，能将不同的场景关联在一起进行展示呈现，这为装置艺术作品的融合性创作以及其与空间的关联度提升都带来了积极的意义。随着影像技术的进一步发展，数字影像技术、网络交互技术和虚拟现实技术先后被引入装置艺术作品的创作中，使得装置艺术作品出现了许多意想不到的变化，作品也呈现出适度的解构与消解，即实体感变弱而体验感增强。

位于西班牙马德里的《数据流》（DATA）灯光装置艺术作品，被安放在马德里的最窄街道之一的一个小巷中，在小巷的建筑墙体之间安装了15米高的全息织物屏幕，基于数字算法呈现的光线动态构成变化，展现出抽象化的数字信号控制的动态光影的艺术魅力（图6-7）。这个坐落于街巷空间中的景观装置作品，引入了全新的数字影像技术，呈现出光线由平面感到空间感的不断切换，给人以一种虚拟现实的场景感，削弱了原有的街巷和建筑实体感，增强了光线塑造的虚拟现实的体验。装置艺术作为一个开放性极强的艺术创作门类，会随着科技和社会的不断发展不停地引入新的技术手段和人文理念，从而达到创作内容的不断扩展与融合。

新媒体艺术起源于20世纪60年代，在那个艺术创作对传统艺术门类进行挑战的时代，许多新兴的艺术门类如雨后春笋般不断涌现，而新媒体艺术就是其中之一。早期的时候，新媒体艺术主要是指录像艺术，使用电影、电视和录像等形式进行艺术呈现。

图6-7　《数据流》

新媒体艺术也是一门不断拓展与融合演变的艺术门类，内涵和外延也在不停地发展和变化，并以交互为主要特征而实现信息的互通和情感的交流。由于新媒体艺术前缀有一个"新"字，因而总是和前沿的很多媒体技术关联在一起。而交互性则成为其在新时期的一个本质特性，因而也有新媒体交互艺术这一称谓。新媒体交互艺术往往采用新的媒体技术，强调人与媒介的交流，常常表现为人与机器、设备、界面等之间的交流，因而其需要可以呈现或展示的终端或界面，以完成人与媒介的深度交流。新媒体呈现常常会使用电视、计算机、手机类移动设备、VR类虚拟呈现设备等，而交互则会涉及人机互动的操作，需要设备可操控并给予适当的空间进行交互活动。所以构成可感知互动的多媒体艺术的整体内容多以设备、空间和操控界面组合而成，综合了一系列的技术和艺术手段，也呈现出较强的装置色彩。

日本TeamLab艺术团队的许多作品都以美轮美奂的新媒体交互艺术的方式进行呈现，其中作品《花园里的巨石群》是为上海One ITC商场打造的新媒体交互艺术作品（图6-8）。整个作品模拟了巨石柱破土而出的动态场景，并在巨石表面呈现了交互变化的动态图像，当行人步入其中靠近巨石时，巨石表面呈现的花朵就会凋零飘散；当行人保持静止站立时，花朵就会自然地

图6-8 《花园里的巨石群》

尽情绽放。巨石上的图像也在实时地变化，有时会呈现出有水流的场景，当行人靠近时，水的流动会发生变化，并使花瓣凋零飘散。巨石群上的图案是使用电脑程序实时绘制的，并不是录制好的图像重复播放，因而每一瞬间的画面都是独一无二的，这也体现了新媒体艺术创作的技术优势。作品《花园里的巨石群》呈现的总体场景有着一定的虚拟性，感染性极强，究其整体布局与构成也可以说是一个大型的交互式的景观装置作品，布置在公共空间中以引来更多的参与和互动。

由于当代艺术并不强调门类之别，所以从早期的多点开花式发展到今天，逐渐呈现出多元融合的趋势。在这种趋势下，装置艺术、新媒体艺术与交互艺术也逐渐尝试着融合创作的实践，于是出现了新媒体交互装置艺术的说法。由于交互也是新媒体艺术的一个突出特征，所以新媒体交互装置艺术也常常简化为新媒体装置艺术这一称谓。新媒体装置艺术是数字媒介与装置艺术的有机结合，其形态涉及影像装置、互动装置、机械装置、网络装置、生物装置等当代艺术集群。采用新媒体技术作为传达媒介，以装置艺术的方式和手段进行作品的组织和构建，最后完成的作品多是融合数字影像等新媒体技术的大型装置或形成的虚拟空间场景等。新媒体装置艺术通过装置艺术延伸了人们的视听感官，实现了新媒体艺术的物化，让媒体影像变得触手可及。而装置艺术也被新媒体艺术的视听艺术语言强化，能更好地表达装置艺术的艺术情感，强化装置艺术的环境氛围。得益于当代艺术的开放性和去边界化，技术和艺术、方法与手段并没有产生主客之争，而是不断地积极探讨多元融合的可能性。因而随着人类的不断进步，艺术与科技会产生更加多元的融合，会不断地呈现出更具艺术特色也更有科技感的新型艺术作品。TeamLab艺术团队在上海展出的作品《呼应灯森林》便是新媒体装置艺术作品的一个典型案例，其由上千盏灯排列在巨大的油罐空间中，并以镜面玻璃作为地面，可以使灯光在地面产生镜像并反射灯光，这些整体上构成了大型装置作品的宏大场景（图6-9）。当有人靠近灯具的时候，最近的灯会发出强烈的光芒，同时发出声响。然后，灯光会传播到最邻近的两个灯上，感应到的两个灯会发出同样的声响，而后接着传递到离其最近的灯上，以此类推不停地传播下去，两束传播出来的光芒各自形成一条向外扩展的光之轨迹。当多个参与者同时出现在装置空间中时，就会产生多条动态传播的光线，并不断地形成交汇。同时，这些灯还会不停地变幻颜色，再加上地面镜面的反射，带来极强的沉浸感和梦幻色彩。新媒体艺术作品可以同时使用多个终端设备和界面同时呈现，而装置艺术则可以并置多种不同的装备结合空间的界面来完成作品整体，因而新媒体装置艺术能呈现出更全面、更丰富的艺术表达，能塑造虚拟的场景，产生更多的交互行为，进一步拓展了装置艺术的互动性层面的内容。

图6-9 《呼应灯森林》

景观是社会文化在视觉领域的呈现，景观不仅再现了现实，还构成了现实。而多媒体景观装置则能通过使用先进的媒体技术创造出虚拟的景观，并能产生一种沉浸式的"真实感"。多媒体景观装置用真实的装置和技术打造虚拟的景观场景，以装置来创造出使人沉浸其中的景观，也可以理解为一种景观的装置，进而纳入景观装置的涵盖范畴之内。由此可见，景观装置也是具有开放性的，随着科学技术的不断发展，也在不断拓展着涵盖范畴。

　　综上所述，装置艺术在发展的过程中逐渐地走入城市公共空间，成为介入城市公共空间的一种重要的艺术种类，参与到城市景观的塑造中来。随着装置艺术创作对城市公共空间带来的景观增益和活力增益的显现，景观构筑物、景观建筑和景观基础设施都呈现出装置化的倾向，并在装配式技术发展的加持下，使得这种发展趋势越来越强烈。新媒体技术和数字化技术的发展，使得装置的智慧性和交互性达到了前所未有的新高度，也创造出能带来身临其境的虚拟现实景观场景体验的新媒体装置。所以，在这里把参与景观塑造的装置、装置化的景观构成物以及能塑造虚拟现实景观场景的新媒体装置统称为景观装置，提出一个随着时代发展而开放性增长内容的涵盖更加宽泛的景观装置概念。

7

融合：引入传统文化的
景观装置设计探讨

　　社会文化属性是艺术作品不可忽视的一个重要方面，艺术作品对所处的社会文化属性进行适度的思考和融入，才能创造出共鸣度更高的经典作品。在艺术与技术不断融合的基础上，如何在景观装置作品中体现时代文化和地域文化是当下值得探索的内容。装置艺术初始的观念性内容多来自对社会文化等的敏感和思考，随着其不断地推进发展，出现了较多的文化特色比较鲜明的装置艺术作品，而体现文化特色的景观装置作品也是层出不穷。直至当代，在新媒体技术条件下景观装置作品中彰显文化特色的作品也在被积极地探索着，以此为着手点探索引入传统文化的智慧型交互式景观装置设计，寻找新时代艺术、文化与科技融合的新路径。

图片素材

7.1 装置艺术的文化体现

自装置艺术面世以来，先后关注了观念、现成品使用、社会意识等多个层面的内容，而这些层面的内容都和文化多多少少有着一定的关联性。在不同地域，装置艺术有着不同的文化背景，在欧美国家一直到20世纪90年代开始，多种文化的题材才被广泛地使用于创作；而在国内，虽然装置艺术的起步较晚，但其对传统文化的关注度却很高，以传统文化为主题的创作层出不穷。

在国外，装置艺术早期的文化表达倾向于社会文化的呈现，例如关注人权、反映社会政治、唤醒环保意识等，而且往往以一种冲突性或讽刺性的方式呈现。究其原因，可能是装置艺术诞生初始时，本身具有的对正统艺术分类的反叛性所导致的，其不愿意与传统艺术及文化产生直接的关联，以保持其革命性的出身。所以在装置艺术发展的早期，直接表达传统文化的创作较少。但经过十几年的创作探索后，传统文化题材的装置艺术作品逐渐出现，并且随着装置艺术创作的不断深入和题材的多样化，传统文化和地域文化的出现频率便逐渐增多起来。真正在传统文化引入的装置艺术创作中产生较大影响的是一批旅美华人装置艺术家，以谷文达、徐冰和蔡国强为代表。谷文达的很多作品中都使用了古体的汉字作为主要的表现内容，巨幅的古体汉字和泼墨般的笔触搭配中国式的陈设完成的场景，具有很强的视觉冲击力，也体现出一定的文化内涵。这些旅居海外的中国装置艺术家的创作，引发了装置艺术引入传统文化题材的思考与尝试。一些外国艺术家相继进行了相关的创作，很多外国艺术家对中国传统文化产生了极大的兴趣，相继使用中国传统材料进行实验性创作。

艺术家菲利普·里德使用中国墨等材料完成了《卫生纸卷轴》系列的装置艺术作品创作，图文并茂地展示了一种生态文化相关的内容（图7-1）。

亚洲国家也在20世纪90年代左右，在装置艺术方面开始了许多的引入地域传统文化的创作，其中以日本和韩国最具代表性。欧美艺术家在亚洲国家的装置作品也常常会运用传统文化的题材。大型装置艺术作品《语言的世界》是法国设计师为日本饮料可尔必思诞生100周年而创作的，其由大约14万个日本传统文字平假名组成，飘浮的平假名创造出一个五彩斑斓的宇宙，平假名排列成不同的词语，并通过这些词语本来的意思，营造出静止感和无尽感，从而唤起参观

图7-1 《卫生纸卷轴》

者的情感共鸣（图7-2）。以传统文化作为创作题材的装置艺术作品，更能引发同样文化背景下人群的共鸣，也会成为向外部人士传达本土文化的一个窗口。

图7-2 《语言的世界》

在国内，装置艺术的引进虽然较晚，但却有着独特的发展和呈现。首先，从装置艺术的起源来看，广义的现成品使用包含自然物品和工业物品，从使用自然物品的角度可以认为，和法国邮差用天然物品打造"理想宫殿"颇为相似的是中国的古典园林。创作中国古典园林的造园师们，常常会使用自然中原生的物品作为园林创作的重要元素，如使用自然界的山石作为园林景物中的点睛之笔，挪用自然中生长的姿态优美的植物造拟态之景等。中国古典园林这种对原生自然物的直接取用，无疑培养着一种把现成品纳入艺术创造过程中取得合理性认同的意识，成为现代中国装置艺术在其中国化进程中可以取用的一种宝贵的传统资源。而这种意识也在一些装置艺术案例中得到了呈现，例如上文中提到的梁绍基完成的装置作品《六合》，便是将传统园林与现代工业构筑物结合的装置艺术作品，体现了对现代城市建筑田园化的一种设想。其次，在中国历史上，艺术与文化就有着紧密的关联，从"诗画一体""书画不分家"等历史名言中便可见一斑。因而在国内引入装置艺术时间不长，便出现了关联传统文化主题的装置艺术作品创作。国内早期知名的装置艺术家谷文达和徐冰的一些作品都引入传统文化的内容，与传统汉字文化相关的装置艺术作品尤其成功，其中以徐冰的《析世鉴——天书》和谷文达以《静则生灵》为开端的一系列古体汉字相关的装置艺术作品最具代表性。徐冰的《析世鉴——天书》一经展出就获得了震惊中外的效果，随后在国外还被展出过。谷文达也是将古体汉字的装置艺术作品进一步推陈出新，并在美国创作展出了《天庙》等多个有影响力的作品。而关于传统文化的运用一直是中国装置艺术领域中受关注度较高的题材，直至21世纪初影像艺术装置创作中仍时有体现，其中管怀宾先生的《叩印兰亭》便是影响力很大且频繁展出、不断进化的一个传统文化题材的作品（图7-3）。尽管技术层面在不断地迭代更新，但国内装置艺术的文化题材的创作一直没有停止过，并在艺术层面不断反思老庄哲学的影响。

图7-3 《叩印兰亭》

　　时至今日，无论是国内还是国外，体现文化的装置艺术作品的创作一直被不断探索着。随着技术手段的不断更新，这种探索的路径与方向也逐渐增多，展现的方式也由静态向动态转变，展现的文化内容也更加丰富多样起来。

7.2　景观装置案例中的文化呈现

　　文化是人类社会历史实践过程中所创造的物质文明与精神文明的总和，文化的传承也需要有形和无形两个方面的传播与传承。因而，文化传播与传承会蔓延在社会生活的各个层面，艺术创作活动也是其传播的一个重要途径。而景观装置作为公共空间中备受关注的视觉焦点，可视为文化传播的一个重要载体。景观装置有着更宽泛的涵盖度，并且具有更强的公共属性，它吸引公众关注、引发公众参与的特性，需要作品与参与者有更高的共鸣和更强的互动。而文化作为群体意识的共识更容易引发地域群体的共鸣，同时，通过人群与景观装置作品的互动，也能更好地完成文化的唤醒与传播。

　　景观装置在空间情境的营造上更加注重文化知觉，能够在人们的参与过程中，通过互动、参与的方式体验和接触文化相关内容，起到文化感知与文化传递的作用。上文中提到的很多景观装置案例也有不少涉及文化相关内容的案例，有使用历史文化物件的，也有使用传统文化元素符号的，还有使用文化意象进行创作的，也有使用非物质文化遗产进行创作的。《传声筒》景观装置使用了传统文化物件，《城寻山水》景观装置以传统文化意象进行创作，而《柳条亭》景观装置采用了非遗手工艺编织技术进行组构单元的创作。景观装置继承了装置艺术的参与式创作特点，鼓励普通人参与景观装置作品的创作，并以此将地域性文化的内容呈现在作品之中。

　　景观装置《帐篷》位于以色列奇科隆雅科夫地区，由收集的废弃材料编织完成了三顶"帐篷"，放置在花园的公共区域中（图7-4）。艺术家的创作理念是让传统手工回归到本土社区，选择了连小孩子都很容易学会的简单编制工艺，让社区的一众人员都参与到作品的创作中来，小孩和家人、邻居等一起从工厂搜罗来的纺织品废料编织成绳索系到水管做的圆环上，形成了本土文化气息浓厚、色彩鲜活、造型灵动的"帐篷"。每个帐篷之间都有一定的空

图7-4 《帐篷》

隙，当转动其中任意一个帐篷时，另外两顶也会旋转起来。该景观装置凝结了本土文化的韵味，弘扬了传统手工艺的传统美德，它让更多的参与者在情境空间里参与、互动的过程中感知传统文化的魅力。

位于日本神奈川县箱根的景观装置《网之木亭》，其内部也使用了纯手工工艺编制而成的具有传统图案的织网，并可供孩童于其上嬉戏玩耍（图7-5）。而木亭作为外围护结构，在避免日晒雨淋的同时，还营造了光影丰富的空间情境，并为看护孩子玩耍的成人提供了休息的场所。内部基于手工艺完成的具有传统图案纹样的织网艺术作品仍是整个景观装置的核心，给参与者以更深的印象和记忆。对于手工艺传统的致敬是艺术创作的勇于尝试的主题，通过手工艺传统的景观装置创作，能进一步传播民间艺术和民俗文化的内容，推进传统民俗文化的传承与更新。

图7-5 《网之木亭》

除了传统手工艺的使用外，对于文化相关的文字与图案的使用在当代景观装置中也较为常见。位于日本香川县的景观装置《男木岛之魂》，其屋顶由各种不同语言的文字拼合而成，包含日语、汉语、俄语、阿拉伯语、拉丁语、希腊语和北印度语等（图7-6）。这个在海洋岛屿上完成的景观装置通过汇集多种语言，传达海洋是不同文化和不同民族交流的桥梁。

图7-6 《男木岛之魂》

英国伦敦的景观装置《空中宫殿》，以4根木柱支撑起放大的空中建筑，并用木材框架模仿了民族刺绣的图案纹样，展示了地域性文化传承下来的图式语言（图7-7）。这个景观装置同时也是为纪念当地诗人杰弗里·乔叟而创作的，灵感来源于诗人的两首诗都提及的奇异梦幻的宫殿。在四个柱子上还绘制着诗人写本上的图案来进行装饰，这个景观装置从地域文化背景到诗人的文学创作，多方位地呈现了地方文化特色的内容。

景观装置《金色月亮》是在香港维多利亚公园展出的文化韵味浓郁的作品，其灵感来源于中国灯笼的制作工艺以及"嫦娥奔月"的传统文化故事

（图7-8）。设计师尝试创作一个放大版的"圆月灯笼"，并在其上覆盖了一层抽象的"火焰"，整个景观装置有6层楼高，搭建只需要11天便完成了所有内容，展示出先进的数字设计技术与传统技艺融合的巨大潜力。巨大的灯笼外壳放置在内置LED灯的反射池上方，颜色变换的灯光使整个装置呈现从奶白色到深红色的渐变。在灯光秀的配合下，变换颜色的火焰灯笼倒映在水中极具传统的艺术美感，让参与者完全沉浸在一个由灯光、声音和色彩交织的世界。该装置不仅营造出了充满奇幻色彩的光影变化，也营造出了充满中国传统文化韵味的空间情境，是对香港地域文化，以及手工工艺和现代设计技术联合的有益探索。文化是一个永恒的主题，伴随着时代认知和科学技术的变化，会变换不同的文化呈现方式，以一种更符合当代审美的方式来进行文化的传承与更新，景观装置中的文化呈现也遵循着

图7-7 《空中宫殿》

图7-8 《金色月亮》

这一规律。

文化题材的引入，无疑会在景观装置中承载更多人文景观的内容，同时使得景观装置不仅仅是物质层面的单一景观，在科技和新媒体技术的加持下，注重文化内容的融入也是景观装置创作的一个重要层面。

7.3 新媒体技术条件下的文化表达

在新媒体技术条件下文化在景观装置中该如何表达，是时下设计师们面临的一个探索性课题。总体上讲，目前呈现出两条路径的尝试和探索：一是仍以文化题材为入手点，研究文化元素的传统表达如何在新技术条件下进行新的呈现；二是以新媒体技术为出发点，研究以新的技术手段如何对传统文化进行创新性的表达与呈现。

新的技术手段仍可以表现出对传统文化及工艺的留恋，以一种虚拟的方式对传统工艺进行呈现，例如以光线来完成织物纹理的编织等。《流光》装置是艺术家受水流与光线交织的启发而设计的一组实验性光纤纺织品，装置将光纤织入织物中，成为发光的隐藏光源（图7-9）。新的发光材料融入传统工艺的织物中，产生了奇特的视觉效果，并在发光和

图7-9 《流光》

不发光之间变换表现效果，也使得艺术作品在真实与虚拟之间来回切换。无独有偶，装置作品《好奇庇护互锁》和《那些改变了我的人》也是发光的织物艺术装置，而且都具有一定的交互性。《好奇庇护互锁》使用了光纤和LED照明，当装置检测到人的触摸便会改变颜色和图案，同时，参与的人越多变化就越强烈。《那些改变了我的人》织物装置在面料中织入光纤并连接了约500个LED灯，当观众用手轻轻触碰装置时，色彩斑斓的织物表面便会激起一阵灯光涟漪，如同水波纹一样层层荡漾开来（图7-10）。三个织物装置从仍是模仿传统工艺的织物静态形态到光影的交互变化，再到交互产生虚拟现实的动态变化，将传统的手工艺物品进行了当代视觉上灵动的动态呈现，在新媒体技术的条件下对传统文化和工艺进行了新时期的传承与更新。

图7-10 《那些改变了我的人》

另外，交互式水墨动态装置在时下也频繁地出现在各大展览中，通过捕捉动态行为，对应地以水墨的方式呈现动态墨迹拖影，形成中国画式的笔墨游走的态势，从而使参与者能感受到中国画的笔走龙蛇和中国文化的气势磅礴。以传统文化为入手点，探索传统手工艺的传承与更新，尝试对民俗文化进行当代的传播，探索经典文化的呈现与输出等，这些都可以作为景观装置设计的关注点与出发点。

从新媒体技术层面出发，探讨新技术表达的多种可能性，创新性地表达文化层面内容的景观装置作品也有着一些精彩的个案呈现。TeamLab艺术团队的很多作品都是基于多媒体技术角度出发，通过技术的完美运用来创作美轮美奂的沉浸式装置体验，作品中也不乏展现文化色彩的优秀作品。景观装置《多么可爱而又美丽的世界》以动态的画面和汉字呈现，当参观者走进屏幕用手触碰到缓缓移动的汉字时，汉字对应的景象画面便会被触发而相继呈现（图7-11）。每一个汉字都会产生不同的影像，而且还会产生相互的影响，风吹过雨、雪和花朵就会随风飞舞，鸟儿会在树枝上栖息，蝴蝶偏爱花朵会围绕花朵起舞。计算机的运算带来智慧化的景象呈现，并不停地变化景象画面，几乎见不到同样的瞬间。参观者在与装置互动的期间，会在文化的联想和现实的画面之间来回切换思绪，带来别样的参与体验。

图7-11 《多么可爱而又美丽的世界》

TeamLab艺术团队的另外一个作品《不可逆转变化的世界》也有十足的文化韵味，作品整体表达了过多的人为破坏导致城市的毁灭这一主题（图7-12）。首先作品是以传统绘画的形式进行动态画面的呈现，并先后展示了多个不同节日的生活景象，其中包括不少的传统节日；其次是作品展示的不同节日也有一天中不同时段的景象变化，呈现出浓浓的生活气息，文化色彩也显得生动丰富，吸引更多的人参与其中；然后由于参与的人数过多，整个作品画面开始发生冲突继而形成火灾，整个城市变成了废墟；最后在没有一个人的废墟中，季节仍在流逝，随着时间的推移，植物又开始生长以孕育新的生机。新的技术往往优先表达科幻的内容，所以技术产生之初会探索很多未知的领域，以呈现出技术带来的新愿景。而当技术运用逐渐走向成熟时，能带来作品创作深度的诸如文化等的内容便会受到艺术家和设计师的进一步关注。

图7-12 《不可逆转变化的世界》

文化引入新媒体景观装置的成功展演提供了新的设计策略，工业遗址改造项目中也尝试引入文化题材的新媒体装置艺术来进行城市景观的更新。首钢工业遗址"科幻世"新媒体装置的创作，很好地将工业文化遗存和新媒体概念展进行了空间与视觉上的融合，"科幻世"科技艺术概念展在策展阶段就从工业遗址保护的角度进行考量，使用3D Mapping灯光投影技术配合全息舞台表演的形式，以一种巧妙的方式做到了在不破坏三高炉炉体的情况下，使沉寂的三高炉重现当年炉火通明的视觉奇观（图7-13）。科技与艺术结合不仅仅是一种美学表达，更是一把文化遗产保护的钥匙，在此层面上，新媒体艺术还有许多用武之地。新媒体技术为曾经的文化场景再现，提供了更好的解决问题的方法，同时还可以将历史、现在和未来进行串联，畅想由历史到未来的整个发展脉络，从而产生更深的文化共鸣。

图7-13　首钢工业遗址"科幻世"新媒体装置

7.4　引入传统文化的智慧型交互式景观装置设计初探

在认识到文化的重要性之后，尝试将文化、科技和艺术相融合是景观装置设计的一个重要的探索方向。在文化自信的时代背景下，通过公共空间中的景观装置传播优秀的历史传统文化是值得深入思考和探索的一个课题，而这个课题又需要放在当代的科技背景和审美背景之下去进行符合时代特色的呈现，于是提出了引入传统文化的智慧型交互式景观装置设计探索。

首先，对近年来引入传统文化的一些探索性设计方案和案例进行一下简单的回顾，从探索案例中寻找有效的方法和设计思路。引入传统文化的景观装置常常被使用在城市景观更新项目中，上文提到的首钢工业遗址"科幻世"新媒体装置便是代表性案例之一，以引入文化的新媒体装置重现历史场景，在美轮美奂的宏大场景中感受历史车轮经过时的轨迹。《思园》景观装置位于苏州桃花坞历史文化片区唐寅故居内，其在合院内利用黑布遮住天井院落的上方，以四周墙壁形成合围空间，然后在院落中垂直悬挂层层的半透明的丝绸幕布，将苏州古典园林中景观以现代影像的方式投影到丝绸幕布上（图7-14）。丝绸的轻薄透光，其上会显示层层叠叠的影像效果，同时搭配声音和光线的变化，身处其中的参与者可以看到由实到虚的影像，像是在现代的实景与历史的虚景之间来回穿梭。《思园》景观装置利用现代技术手法将苏州古典园林的影像与丝绸材料相结合，形成了园林的深邃静谧美与丝绸的飘逸灵动美的碰撞交融，渲染出一幅美不胜收的艺术动态画卷。无论是工业遗址还是历史文化遗址都具备文化空间的属性，在文化空间中更容易感受到文化氛围，因而在景观装置的空间环境塑造中需要考虑一定的空间场景塑造，再配合新媒体影像技术让引入文化的景观装置呈现动态的场景氛围，能引发更生动、更鲜活的切身体验。

图7-14　《思园》景观装置

以传统文化为题材的景观装置设计逐渐引发多个高校艺术设计类专业师生的关注，探索性设计方案也逐渐出现了一些优秀的设计案例。华中科技大学李思龙的毕业论文以二十四节气景观装置设计研究为题，对传统文化中的二十四节气进行文化溯源，分析每个节气在气候、气象、物候、季相和文化方面的特点，对应地进行节气主题的景观装置设计（图7-15）。其中文化作为设计思考的一个要点，进行了较为全面的挖掘和分析，从民俗、谚语、诗词、故事中充分地寻找可以作为设计构思因素的内容。作者阅读了大量的书籍，查阅了大量的史料，还从文创产品中寻找文化表达的创意，并从景观的视角进行了设计思考。二十四节气景观装置在注重景观的文化性的同时，也关注参与者与之互动的综合体验，包括视觉、听觉、嗅觉、味觉和触觉等各个方面的切身体验。二十四节气景观装置被设计成二十四个模块化的盒子构架，根据每个节气的不同的文化特征和气候特点等完成差异化设计，能很好地与公共环境相结合，为文化性景观装置的设计推进提供了优秀的设计案例参考（图7-16）。

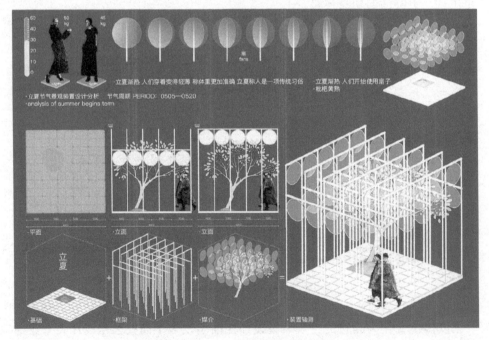

图7-15　二十四节气景观装置1

图7-16　二十四节气景观装置2

　　为了更加突出案例效果呈现方面的文化特色的体现，并带着对在科技迅猛发展的时代背景下智慧性引入方面的思考，指导学生进一步对引入传统文化的景观装置进行研究和探索。辽宁师范大学的硕士研究生李爽毕业论文以融入中国传统文化元素的景观装置设计研究为题，重点对景观装置的文化呈现和智慧性文本分析进行了研究和探索。学生以汉字文化为研究对象，选取汉字文化中的书写竹简、篆刻方印等作为景观装置设计的组成元素，也以实体化的偏旁部首悬挂于智慧树完成了智能化的景观装置设计。竹简装置考虑了简单的机械式互动，参与者可以旋转竹简片进行阅读互动，并可以通过手机扫码完成深入的知识学习。篆刻装置是智能型发光景观装置，置于广场上的篆刻装置群既作为光源使用的静态个体，也可以触摸发光，并在侧面显示简体汉字，便于参与者识别学习的动态变化型的个体（图7-17）。笔画装置则考虑将竹简片烤制脱水形成弯曲的个体，然后由多个弯曲竹简片个体围绕成"汉字树"，悬挂不同的偏旁部首，当人们触碰到汉字的笔画时，装置的树干曲面显示屏幕会智能索引出相关汉字的释义、笔画和相关词语等延伸内容，并可以触摸点击想了解的内容，进一步对汉字、词语和诗词进行了解和学习

（图7-18）。从简单的机械式互动逐渐到智慧型的交互使用，对于引入传统文化的智慧型交互式景观装置的探索逐渐地向更深入的探索方向发展。

图7-17　篆刻装置

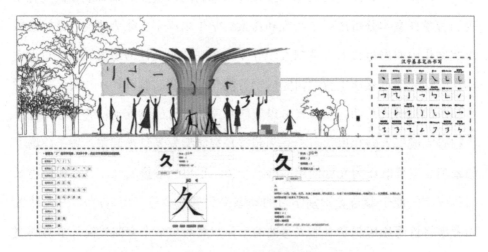

图7-18　汉字笔画装置

上述设计案例在引入传统文化方面，以及人工智能和行为交互方面都提出了一些设计构想。对上述设计案例进行分析后，产生了一个更为综合性的设计构想，即在一个汉字广场上设计大型汉字文化景观装置的设想，暂取名为《追逐汉字》景观装置，并不断地探索设计（图7-19）。起初，指导学生研究《追逐汉字》景观装置时，在方案的功能和形式上进行了一定的研究，也得出了一些初步的设计方案。随着研究的深入，对于景观装置设计的重点进行了调整，一个相对大型的智慧型交互式的景观装置，需要一个较为细致的脚本设计，以使得其与使用者的互动具有更多的变化。首先确定组字、组词和检索诗句的三个设计主题，分析其具体可以互动的方式。其中组字和组词模式一般适合两个人同时参与，对应模块化的中小型景观装置模式；而检索诗句可以多人共同参与，对应重要节点的大型景观装置类型。然后景观装置以汉字的字、词和句为内容构架进行脚本编制，以组字和组词游戏为动态活动内容进行互动内容的设计。

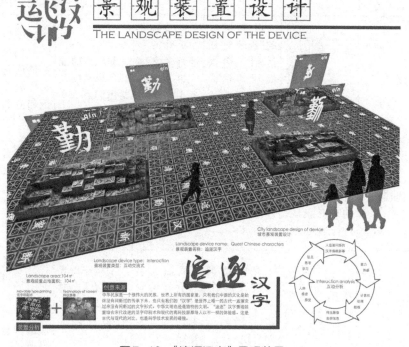

图7-19 《追逐汉字》景观装置

在明确了大的方向后，开始研究探讨汉字景观装置具体的交互内容与方式。首先确定装置通过对地面踩踏的方式吸引行人进行参与和选择，并以在屏幕上的呈现引导参与者进行不断深入的互动，因而装置显性部分主要由可以感应踩踏的地面和直立显示的大型屏幕组成。而技术部分则包括感应系统、传输系统、计算系统和输出系统四部分组成，其中计算系统具有最强的智慧属性，需要使用到字库、词库等数据库匹配对应的选择，同时还要为抽象的字、词、句关联一定的动画影像。景观装置的构件组成和技术支持基本明确后，开始设计互动内容和步骤流程。针对双人参与的组字、组词装置，设置踩踏辨识、组合辨认、多字体呈现、释义呈现和选词解词等互动流程；针对多人参与的检索诗句装置，设置踩踏辨识、组合辨认、选中提示、释义及出处呈现，以及整首诗词的解释与场景呈现（表7-1）。在这个

表7-1　汉字交互景观装置互动内容及步骤流程表

游戏内容	第一步	第二步	第三步	第四步	第五步
组字	二人合作，每人脚踩含有一个偏旁部首的单元模块，进行组字	识别组成的字是对还是错，错误提示并返回第一步，正确提示并可进入第三步	正确的字进行多字体（如篆书、隶书、楷书等）呈现	显示字的读音、释义以及常用词语	选择想要了解的词语，讲述词语背后的文化故事并进行相应的影像画面呈现
组词	二人合作，每人脚踩含有一个文字的单元模块，进行组词	识别组成的词语是对还是错，错误提示，正确提示	正确的词语显示读音及释义	显示几条词语出现过的诗词名句	选择喜欢的诗句，讲述诗词背后的文化故事并进行相应的影像画面呈现
检索诗句	多人同时踩踏多个单元模块，进行诗句检索	智能诗词库进行识别，包含最多踩踏文字的诗句呈现	踩踏文字包含在诗句内的模块亮起，不含的变暗	对选中诗句进行释义，并显示诗句所在的整首诗的内容	对呈现的整首诗，讲述诗词背后的文化故事并进行相应的影像画面呈现

互动内容和步骤流程的基础上，逐步地综合解决技术和艺术两个层面的问题，并深入思考可以进一步互动的后续内容和方式，推动设计构想进一步的发展和进行阶段性实现的尝试，并不断地研究和探索下去。

引入传统文化的智慧型景观装置是一个融合文化、艺术与科技于一体的研究课题，探讨的是如何利用现代科技打造符合现代艺术审美的融入传统文化内容的智慧型景观装置。通过前文的研究，提出涵盖更为宽泛的景观装置概念后，使得这一研究课题有了更宽阔的研究视角，也发现了一些可以攻玉的他山之石。在此基础之上，希望更多的学者、设计师以及艺术爱好者，共同参与到此项课题的研究中来，为我国的文化和艺术事业做出更多的贡献。

参考文献

[1] 本雅明·布赫洛. 新前卫与文化工业 [M]. 何卫华，等译. 南京：江苏凤凰美术出版社，2014.

[2] 徐淦. 装置艺术 [M]. 北京：人民美术出版社，2003.

[3] 刘悦笛. 艺术终结之后 [M]. 南京：南京出版社，2006.

[4] 贺万里. 中国当代装置艺术史 [M]. 上海：上海书画出版社，2008.

[5] 李永清. 公共艺术设计务实 [M]. 南京：江苏美术出版社，2005.

[6] 克莱尔·库珀·马库斯，卡罗琳·弗朗西斯. 人性场所：城市开放空间设计导则 [M]. 俞孔坚，等译. 北京：中国建筑工业出版社，2008.

[7] 卡特琳·格鲁. 艺术介入空间：都会里的艺术创作 [M]. 姚孟吟，译. 南宁：广西师范大学出版社，2005.

[8] 扬·盖尔. 交往与空间 [M]. 何人可，译. 北京：中国建筑工业出版社，2002.

[9] 王诗语. 装置艺术在城市公共空间景观设计中的应用 [J]. 现代园艺，2020，43（24）：138-141.

[10] 迪亚纳·巴尔莫里. 景观宣言 [M]. 董瑞霞，译. 北京：电子工业出版社，2013.

[11] 凤凰空间·华南编辑部. 景观装置艺术 [M]. 南京：江苏人民出版社，2013.

[12] 俞孔坚. 走向新景观 [J]. 建筑学报，2006（5）：73.

[13] 查尔斯·瓦尔海德姆. 景观都市主义：从起源到演变 [M]. 陈崇贤，等译. 南京：江苏凤凰科学技术出版社，2018.

[14] 徐华伟，胡纹，冯晨."介质流动"与"多孔渗透"——新媒介视角下的建筑表皮设计流变[J].新建筑，2018（1）：78-81.

[15] 修积鑫，王萌萌.景观空间中的情感化设计[J].设计，2022（9）：103-105.

[16] 翟俊.景观都市主义的理论与方法[M].陈崇贤，等译.北京：中国建筑工业出版社，2018.

[17] 罗伊·阿斯科特.未来就是现在：艺术，技术和意识[M].周凌，等译.北京：金城出版社，2012.

[18] 罗佳宁.构成秩序视野下新型工业化建筑的产品化设计与建造[M].南京：东南大学出版社，2020.

[19] 王慧，张春颖，杨帆."装配"蔡家坡：艺术乡建中的装配式技术乡土适应性设计策略[J].装饰，2022（4）：136-138.

[20] 曹志芳.BIM技术在装配式建筑施工阶段中的应用研究[J].智能建筑与智慧城市，2022（5）：115-118.

[21] 张瑶.基于装配式技术的国外公共建筑表皮设计研究[J].中国建设信息化，2021（24）：59-61.

[22] 隈研吾.反造型：与自然连接的建筑[M].朱锷，译.桂林：广西师范大学出版社，2010.

[23] 辛立勋.运用装配式技术组合临时性园林景观[J].上海建设科技，2022（1）：87-89.

[24] 刘宇扬，马蒂奥·莫斯卡泰利，梁俊杰.建构景观基础设施——上海民生码头水岸改造及贯通[J].建筑学报，2019（8）：37-44.

[25] 翟俊.基于景观都市主义的景观城市[J].建筑学报，2010（11）：6-11.

[26] 姚纤.交互式装置艺术在社区公共设施中的设计应用研究[D].上海：华东理工大学，2020.

[27] 刘韩昕.城市家具与公共空间的私密性营造[M].北京：化学工业出版社，2020.

[28] 章敏霞.翟俊.基于景观基础设施的"新江南水乡"发展模式——以长三角生态绿色一体化示范区为例[J].中国园林，2021，37（8）：115-120.

[29] 高媛. 城市家具在园林景观体验式设计中的应用[J]. 现代园艺，2022，2：141-143.

[30] 王斌. 装置的"泛化"与"日常化"[J]. 南京艺术学院学报（美术与设计），2015，6：32-34.

[31] 于俊峰. 生活雕塑化，雕塑生活化——雕塑泛化与泛雕塑之我见[J]. 美术研究，2008（4）：74-77.

[32] 贺万里. 从雕塑装置、影像装置到环境装置：装置的泛化[J]. 湖北美术学院学报，2008（1）：9-13.

[33] 张洋，李长霖，吴菲. 数字化技术驱动下的交互景观实践与未来趋势[J]. 风景园林，2021（4）：99-104.

[34] 赵明. 走向景观——都市语境下当代艺术的扩展场域[D]. 杭州：中国美术学院，2018.

[35] 韦艳丽. 新媒体交互艺术[M]. 北京：化学工业出版社，2017.

[36] 顾亚奇，刘盛. 形态、维度、语境：论沉浸式新媒体装置艺术的"空间"再造[J]. 装饰，2020（7）：72-74.

[37] 杨容君，孙献华，薛冲. 论交互装置艺术的技术创新与发展[J]. 美术教育研究，2022（2）：30-31.

[38] 熊鹤. 超真实内涵与新媒体艺术真实观[J]. 美术研究，2021（4）：120-122.

[39] 马晓翔. 刍议新媒体装置艺术中的审美表现与文化脉络[J]. 南京艺术学院学报（美术与设计），2015（4）：115-118.

[40] 金福寿，李鹏. 浅析室内装饰设计的"中国风"[J]. 商品与质量，2010（SA）：115.

[41] 孙川. 装置艺术在城市公共环境中的应用研究[D]. 杭州：浙江农林大学，2014.

[42] 王之纲，石田，朱笑尘. 基于工业遗址场所精神的新媒体空间设计——以首钢工业遗址"科幻世"科技艺术概念展为例[J]. 装饰，2021（9）：88-91.

[43] 王军，陈星，肖湘东，等. 桃花坞历史文化片区文创产业发展新业态研究——以桃花坞国际设计周"思园"艺术装置为例[J]. 华中建筑，2020，38（1）：83-86.